百科通识
文库

49

密码术的奥秘

弗雷德·派珀　肖恩·墨菲　著

冯绪宁　袁向东　译

外语教学与研究出版社
北京

京权图字：01-2006-6862

Cryptography was originally published in English in 2002.
This Chinese Edition is published by arrangement with Oxford University Press and is for sale in the People's Republic of China only, excluding Hong Kong SAR, Macau SAR and Taiwan Province, and may not be bought for export therefrom.
英文原版于2002年出版。该中文版由牛津大学出版社及外语教学与研究出版社合作出版，只限中华人民共和国境内销售，不包括香港特别行政区、澳门特别行政区及台湾省。不得出口。© Fred Piper & Sean Murphy 2002

图书在版编目（CIP）数据

密码术的奥秘／（英）派珀（Piper, F.），（英）墨菲（Murphy, S.）著；冯绪宁，袁向东译. — 北京：外语教学与研究出版社，2015.8
（百科通识文库）
ISBN 978-7-5135-6515-8

Ⅰ. ①密… Ⅱ. ①派… ②墨… ③冯… Ⅲ. ①密码术－普及读物
Ⅳ. ①TN918.1-49

中国版本图书馆CIP数据核字(2015)第198785号

出版人　　蔡剑峰
项目策划　姚　虹
责任编辑　文雪琴
封面设计　泽　丹
版式设计　锋　尚
出版发行　外语教学与研究出版社
社　　址　北京市西三环北路19号（100089）
网　　址　http://www.fltrp.com
印　　刷　中国农业出版社印刷厂
开　　本　889×1194　1/32
印　　张　6.5
版　　次　2015年9月第1版 2015年9月第1次印刷
书　　号　ISBN 978-7-5135-6515-8
定　　价　20.00元

购书咨询：（010）88819929　电子邮箱：club@fltrp.com
外研书店：http://www.fltrpstore.com
凡印刷、装订质量问题，请联系我社印制部
联系电话：（010）61207896　电子邮箱：zhijian@fltrp.com
凡侵权、盗版书籍线索，请联系我社法律事务部
举报电话：（010）88817519　电子邮箱：banquan@fltrp.com
法律顾问：立方律师事务所　刘旭东律师
　　　　　中咨律师事务所　殷　斌律师
物料号：265150001

百科通识文库书目

历史系列：

艺术文化系列：

自然科学与心理学系列：

破解意识之谜 　　　　认识宇宙学

密码术的奥秘 　　　　达尔文与进化论

恐龙探秘 　　　　　　梦的新解

情感密码 　　　　　　弗洛伊德与精神分析

全球灾变与世界末日 　时间简史

简析荣格 　　　　　　浅论精神病学

人类进化简史 　　　　走出黑暗——人类史前史探秘

政治、哲学与宗教系列：

动物权利 　　　　　　《圣经》纵览

释迦牟尼：从王子到佛陀　解读欧陆哲学

死海古卷概说 　　　　欧盟概览

存在主义简论 　　　　女权主义简史

《旧约》入门 　　　　《新约》入门

解读柏拉图 　　　　　解读后现代主义

读懂莎士比亚 　　　　解读苏格拉底

世界贸易组织概览

目 录

第一章

绪论

大多数人在邮寄信件之前都要将信封封上。如果被问及原因，他们瞬即作出的回答不外乎是："我还真不知道"、"是习惯吧"、"为什么不封呢？"或者"因为其他人都是这样做的"。更理性的回答可能是："为了避免信件掉出来"或"为了不让别人看信"。即使信中不包含任何敏感或是高度私密的信息，我们中的许多人仍会认为，私人通信的内容不宜公开，因此要封上口以保证信的内容不为他人所知——除了预定的收信人之外。假设我们用没封口的信封寄信，那么任何拿到这封信的人，都能够读到信的内容。至于他们是否真会这样做，则另当别论。关键在于，如果他们想要这样做的话，他们就能够毫无障碍地去做。此外，如果他们调换了信封中的信，我们对此将一无所知。

现在，许多人用电子邮件（以下简称电邮）取代了邮寄信件。这是一种快捷的通讯方式，但它不能用信封来保护信息了。事实上，人们常常说发送电邮信息就像寄信不用信封一样。显然，任何人要通过电邮发送机密的、或者可能仅是涉及私人情况的信息，都需要通过某种别的手段来保护这些信息。一个通用的解决方法就是用密码术给信息加密。

如果加密信息落到了非预定收件人的手里，它应呈现为无法读懂的形式。目前，利用加密来保护电邮还不普遍，但是该技术正在普及，而且扩展的势头有望继续下去。确实，在 2001 年 5 月，一群欧洲议会的议员建议，全欧洲的计算机用户都应该对他们所有的电邮进行加密，"以防被一个英 – 美窃听网络暗中监视"。

密码术已是一门享有盛誉的科学，在两千多年的历史长河中一直有着重要的影响。传统上，它的主要用户是政府及军队。但值得注意的是，有一部作品《伽摩箴言集》（*The Kama Sutra of Vatsyayana*），作者是筏磋衍那（Vatsyayana）；其中含有这样的劝告：女人应当学习"理解密码文本的技艺"（要了解本书引用的所有著作的细节，请查阅书后列出的参考文献）。

密码术在历史上的影响是有文献记载的。关于这一主题，戴维·卡恩（David Kahn）的作品《破译者》极富学术价值；这部书部头较大，有 1,000 多页，首次出版于 1967 年。它被描述为"第一部有关秘密通信的全史"，读来令人兴趣盎然。近期，西蒙·辛格（Simon Singh）写了一本篇幅更短的书，名为《码书》。这是一本描写若干重要历史事件的书，通俗易懂。它不像卡恩的书那样包罗万象，但其目的在于激起外行对这一主题的兴趣。两本书同样优秀，都是我们极力推荐的。

密码术的普及和公众对其重要历史作用愈加普遍的认知，其功劳并不限于文学作品。很多博物馆及历史遗迹都有老式密码机展出。这种场所首推英国的布莱奇利公园，很多人认为这里是现代密码术和现代计算的起源地。就是在这里，艾伦·图林（Alan Turing）和他的团队破译了谜密码（Enigma）；他们的工作环境被保存下来，以纪念他们的惊人成就。现在有很多关于第二次世界大战的电影强调了破译密码的重要性。其中受到特别关注的是破译谜密码和在珍珠港事件之前破译加密信息所造成的影响。此外还有若干有关这一主题的电视系列节目。这一切都意味着，世界上已经有无数的人知道了通过信息加密以保护信息机密的概念以及破译这些密码的影响。然而，对他们中的大多数人而言，那些作品中所使用的术语的确切含义仍然是个谜，他们的理解还很有限。本书的目的就是通过对密码学——编制密码及破译密码的艺术和科学——的非技术性的介绍，来矫正上述状况。当读者带着从本书中获得的知识重新阅读那些书、观看那些电影和电视系列节目时，将会理解得更深入，从而得到更多的乐趣。

20世纪70年代之前，密码术是一种黑色艺术，只有少数政府及军事部门的人员理解并使用它。现在，它已是一门得到公认的学问，很多大学都在讲授这门课程，很多公司和个人也都在广泛地应用它。这种转变是诸多力量作用的结果。其中最明显的两种力量是办公自动化的发展和作为一种通讯渠道的国际互联网的建立。现在，各公司需要使用因特网与其他公司及他们的客户进行贸易往来。政府需要通过因特网与百姓交流，例如所得税申报可以通过电子途径提交。

毫无疑问，电子商务正在变得越来越普及，但对安全的担心常被说成是防碍它全面普及的绊脚石之一。我们已经关注过与机密信息相关联的问题，但机密性本身往往还不是人们主要担心的对象。

当两个人在公共网络上通信但彼此都无法看见对方时，他们中的一方如何来确认另一方的身份并不是一目了然的事。然而很清楚，从网络上收到信息的任何人可能都有这样的需要：确信他们自己知道发信者的身份，以及确信他们收到的信息跟原发信者发出的信息是一样的。此外，还可能有这样的情况：收信人需要确信，发信者不能在事后否认发过那样的信息或者宣布所发送的是一个不同的信息。这些都是重要的但又无法轻易解决的问题。

在传统的非自动化商业环境中，人们常常要依赖手写签名来消除上述三种疑虑。目前安全专家面临的主要挑战之一就是发明一些"电子对等物"来代替社交机制，因为后者诸如当面相认、手写签名等在向数字化交易转变的过程中会不复存在。尽管这个问题与保守某些信息的机密没有明显的联系，但密码术已经成为应对这种挑战的一种重要的工具。在 1976 年的一篇定名恰当的文章《密码术的新方向》中，惠特菲尔德·迪菲（Whitfield Diffie）和马丁·赫尔曼（Martin Hellman）提出了一种可以利用密码术产生手写签名的电子等效物的方法。这篇文章的影响无论给予多高评价都不为过。在他们这项工作之前，密码术被用来确保用户的信息在传输过程中不会被更改。然而，这种通信依赖于通信伙伴之间的相互信任。在 20 世纪六七十年代，对于金融机构而言这不是个问题——金融机构大概是当时的主要用户群，不过当时密码术的应用范围确实很有限。

现代密码术在过去的 30 多年中已经有了相当大的发展，不仅技术发生了变化，应用领域也更广泛了。而且，似乎每个人或是它的直接使用者，或是由于它的应用而受到了影响。我们都需要知道它是如何起作用的，以及它可以成就哪些事情。

用好这本书

本书是密码术的入门性概论。它并非技术性书籍，主要是为外行所写。那些希望从技术层面学习密码术的数学家和计算机科学家已有太多的书籍可供选择。关于加密算法的设计与分析的基本理论，已经有了很好的文献资料，此外还有大量这类专题的教科书。（我们认为标准的参考书是由艾尔弗雷德·梅内策斯 [Alfred Menezes]、保罗·范·奥尔斯霍特 [Paul van Oorschot] 和斯科特·范斯通 [Scott Vanstone] 所著的《应用密码术手册》）。本书并不属于此类图书。它不关心与算法设计有关的技术问题，而是集中讲述如何利用算法以及用这些算法来达到什么目的。如果这本书能鼓励那些有适当数学背景的读者再去读一些更专门的、技术性的教科书，这就实现了它的又一个目标。但是本书的主要目标是力图揭开密码术的神秘面纱，消除非数学家对这门学科的畏惧感。

本书的基础是伦敦大学皇家霍洛威学院信息安全方面的硕士所修读的一门课程。这门课程曾被叫做"领悟密码术"，但现在已改为"密码术与安全机制导论"。修读本课程的学生的兴趣与基础各不相同，但大多数学生都雄心勃勃地想成为安全方面的从业者，包括成为诸如信息技术业界的安全经理或安全顾问。他们中的大多数都不希望成为职业的密码学家。事实上，密码术在他们眼中是一种必要之恶，他们是为了获得从事信息安全工作的资格证书，才不得已来上这门密码术的必修课的。我们这些作者不能将这门课看作是"恶",但毫无疑问的是,不能仅因为它本身是一门独立的学科而学习密码术,而是要以提供各种安全系统为背景来学习。正是这种态度印证了如下断言是有道理的:一般而言,对于信息安全的从业者来说,更重要的是理解密钥管理技术,而不是能够从数学上来分析密码系统。

对于那些并不想成为信息安全专家的人员,本书的目标是把密码术当成一个有趣而重要的话题来展现。它应该能使读者理解出现在关于密码术的大量历史书籍和电影中的术语,并意识到密码术对我们的历史产生过的、并且对我们的未来可能产生的影响。它也有助于人们理解密码术的不断普及给政府和法律执行机构带来的各种问题。

无疑,尝试破译简单的密码会增进人们对密码术的理解。这也是一种乐趣。所以,虽然本书不是教科书,其中还是有一些"习题",意在邀请读者来破译某些算法。即使破译失败也并不会妨碍读者读完这本书。尽管如此,认真尝试去解决这些问题很可能是值得的。本书中的习题一般只涉及字母代换,解这些习题不需要数学算法。

尽管理解本书的内容基本上不要求读者具有数学知识

这个先决条件，但也不可否认，现代密码系统几乎总会运用到数学方法，而且大多数现代算法使用二进制数字运算而不是字母代换。基于这一点，我们在第三章添加了一个简短的附录，讲了一点相关的初等数学。我们再次鼓励读者努力去理解它们，但请放心，那些内容对于阅读本书后面的章节关系不大。

第二章

初识密码术

引言

本章将介绍密码术的基本术语和概念。我们的目标是将这些内容讲得通俗易懂，给出一个尽可能全面的概要。

基本概念

密码系统的理念就是将机密信息加以伪装，使得未经许可者难以获知信息内容。最常见的两种作用大概是安全地将资料存放在计算机文档中或使其在不安全的渠道（如因特网）中传输。无论哪种情形，将文件加密并不能阻止未经许可者得到它，但是能够保证这些人无法理解自己所得到的东西。

需被隐藏的信息通常称为**明文**，将它伪装起来的操作叫做**加密**。加了密的明文叫做**密文**，或称**密码文**。将明文信息加密所使用的一套规则称为**加密算法**。通常这种算法的操作依赖于**密钥**，密钥是与信息一起被输入算法的。为了使接收者能够从密文中得到信息，需要有**解密算法**，当它和适当的**解密密钥**一起使用时，就能从密文中还原出明文。

一般而言，构成任何一种**密码算法**的规则都非常复杂，需要细心设计。然而，在本书中，读者可以将这些规则看作是一种"魔术套路"，它借助于密钥可以将信息变成难以辨读的形式。

下面是一幅为了保护信息传送而使用的**密码系统**的轮廓图。

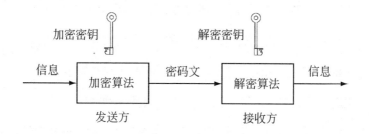

毫不奇怪，在信息传输过程中截取信息的人被称作**拦截者**。其他作者可能使用不同的术语来指称这种人，诸如

"窃听者"、"敌人"、"对手"，甚或"坏家伙"等。但我们必须认识到，有时拦截者也可能是"好家伙"；后面我们还要讲到这点。一般情况下，拦截者即使知道解密算法，他们也并不知道密钥。正是因为他们不掌握这一密钥，我们才能够指望他们得不出明文。**密码术**是有关密码系统设计的科学；**密码分析**这个词是指在没有取得适当密钥的情况下，从密文推演出明文信息的过程；**密码学**则是密码术和密码分析这两个术语的总称。

密码分析并不是攻击者得到明文的唯一手段，认识到这一点很重要。例如，假设某人将加密信息储存在其笔记本电脑中，显然他需要一种方法来重新获取解密密钥，以为自己所用。如果他的办法是把这个密钥写在一张纸上，然后把纸贴在笔记本电脑的盖上，那么任何偷走笔记本电脑的人，自然而然就得到了解密密钥，无需实施任何密码分析。这个简单的例证说明，为保证资料的安全，除了使用一个好的加密算法，还有更多的事情要做。实际上，我们要反复强调，密钥的安全性是密码体系安全性中的关键。

在实践中，大多数通过密码分析所进行的攻击，都需要设法找出解密密钥。攻击者如果成功了，那么他所知道的信息就和预定的收信者一样多，从而能够破译出使用此密钥的其他所有信息，直到该密钥变更为止。当然也可能发生这样的情况，即某个攻击者的唯一目标是解读某一特定的信息。无论如何，当设计者认为一个算法已被**破译**时，他们通常是指某个攻击者已经发现了找出解密密钥的具体方法。

当然，攻击者只有在拥有足够的信息，能够识别正确的密钥，或者更加常见的是能够鉴别不正确的密钥时，才能破解一个算法。鉴别不正确密钥的信息对攻击者破译密码来说可能有决定性的意义，认识到这一点很重要。例如，假定攻击者知道明文是用英文写的，当他们使用一个猜测的密钥去解密一段密文，但得到的不是一段有意义的英文明文时，这就说明这个猜测的密钥必定是不正确的。

前面的介绍应该已讲明了这样一个重要事实：要从密码文中得到所需的信息，并不需要知道加密密钥。这个简单的事实构成了迪菲－赫尔曼的开创性论文的基础。这篇论文对现代密码学产生过惊人的影响，而且它将密码系统很自然地分为两种类型：对称密码和非对称密码。

对于一个密码系统，如果能够很容易地从它的加密密钥推导出解密密钥，我们则称它为**常规的**或**对称的**密码系统。实际上，在对称系统中，这两种密钥常常是相同的。因此，这样的系统常被称为**私钥**系统或**一钥**系统。反之，如果不能从加密密钥推导出解密密钥，这样的系统则称为**非对称的**或**公钥**密码系统。之所以区分这两类体系，有一个理由显而易见：为了阻止了解所用算法的拦截者从拦截到的密文中得到明文，最根本的一点就是要对解密密钥加以保密。对于对称系统而言，还必须对加密密钥也进行保密；然而，若是非对称系统，知道加密密钥对攻击者来说并没有任何实际用途。确实，后者的加密密钥可以是公开的，而且实际情况也往往如此。这样做的一个结果就是，密码文的发送方与接收方不需要共享任何共同的秘密；对他们来说彼此间的信任也不是必须的。

虽然上一段的陈述看似简单而且不证自明，但其影响却很深远。在上面的轮廓图中，我们假定发送方与接收方有"配对"的密钥。实际上，他们要达到这种状态是相当难的。例如，若系统是对称的，也许需要在保密信息交换之前先配送一个密钥值。我们决不可低估要为这些密钥提供充分的保护所存在的问题。事实上，密钥管理方面的问题，一般包括密钥的生成、配送、贮存、变更、销毁等，乃是安全系统所面临的最困难的问题之一。对于对称和非对称系统，相关的密钥管理问题是不同的。我们已经知道，如果系统是对称的，就需要在配送密钥时对它们的值加以保密。如果系统是非对称的，则可以避免这一问题，因为此时配送的只是加密密钥，不需要保密。但在这种情况下，问题便转换为确保每个参与者的加密密钥的真实性，即保证使用公开加密密钥值的人知道相应的解密密钥的"主人"的身份。

我们在介绍对称与非对称系统的区别时，假定攻击者已经知道了算法。这当然并不一定是真的。无论如何，对密码系统的设计者来说，可能最好要假定任何一个潜在的拦截者都具有尽可能多的知识和尽可能广泛的情报。在密码术中有一条著名的原则，它宣称密码系统的安全性必须不依赖于密码算法的保密。于是，其安全性就仅取决于解密密钥的保密了。

研究密码术的目标之一，就是使任何希望设计或使用密码系统的人能够评估他所使用的系统在实用中是否足够安全。为了评估一个系统的安全性，我们作出下列三个假设，并将其称为**最坏情景条件**（worst-case conditions，简称 WC）。

（WC1）密码分析者对该密码系统具有完备的了解。

（WC2）密码分析者已得到了相当多的密文。

（WC3）密码分析者知道了对应于一定量密文的明文。

在任何情况下，都有必要努力从定量的角度搞清楚"相当多"和"一定量"的含义。这取决于所论及的特定系统。

情景 WC1 表明，我们认为安全性不应该依赖于对密码系统细节的保密。然而，这并不意味着系统就应该完全公开。自然，如果攻击者对于系统一无所知，那他的任务会更为艰巨，这就可以在某种程度上隐藏这一信息。例如，利用现代的电子系统，可以通过微电子手段将加密算法隐藏在硬件里。事实上，完全有可能在一个小"芯片"里隐藏整部算法。为了弄到这个算法，攻击者需要"打开"这样的一个芯片。这可能是既精细又耗时的活儿。无论如何，这个活儿还是有可能完成的，我们不应该假定攻击者缺乏这样做的能力和耐心。与此类似，算法中包含的任何一个计算机软件可以通过小心编写的程序进行伪装。攻击者凭着耐心和技巧，可能再一次揭开它的秘密。在某些情况中，攻击者甚至可能得到确切的算法。从任何制造商和设计者的立场看，WC1 是一个很重要的假设，因为它能让他们摆脱保护系统机密性的许多责任。

很清楚，WC2 是一项合理的假设。如果不存在被拦截的可能性，那就不需要使用密码系统了。反之，如果拦截是可能的，那么通信者并不能控制拦截在什么时候发生，因此最安全的选择是假设信息在所有的传送过程中都可能被拦截。

WC3 也是一个很现实的情景。攻击者可以通过观察通信状况并作出聪明的猜测来得到这种类型的信息。也许他甚至能够挑选出已知其密文的明文。历史上一个"经典"的例子出现在第二次世界大战中。当时对一个灯浮标进行炮火袭击，就是为了确保 *Leuchttonne*（灯浮标）这个特殊的德文单词出现在那些用谜密码机加密的明文信息中。（见英国广播公司出版的 B. 约翰逊［B. Johnson］写的《秘密战争》。）

利用已获得的互相对应的明文和密文实施的攻击称为**已知明文攻击**。如果明文是由攻击者选定的，就像上面我们所讲的被炸灯浮标的例子那样，那么可称其为**选择明文攻击**。最后，如果攻击者只知道密文，就称为**仅知密文攻击**。

承认这三种最坏情况会出现的一个结果是：我们不得不假定，唯一能够区分拦截者和真正的收信方的信息是解密密钥。于是，系统的安全性就完全依仗解密密钥的安全性。这就再次强调了前文中提到的论断：良好的密钥管理至关重要。

我们必须强调，对密码系统安全水平的评估并不是一门精确的科学。所有的评估都是基于某些假设的，不仅涉及拦截者所能获得的知识，还涉及他们所拥有的设备。无疑，进行评估的最好的普适性原则是：当有疑问时，假定最坏的情景已经出现，宁可错在谨慎上。还有一点值得强调，一般而论，人们所关心的问题不是"这是一个特别安全的系统吗？"而是"对于这种特定的应用，这个系统是否足够安全？"后者非常重要，我们必须认识到在某些情况下，需要的只是便宜和低水准的安全系统。对几乎所有非军事的活动而言，提供安全保证的费用是高昂的，所以需要从商业角度出发加以评估。此外，安全设备也比较昂贵，而且常常会降低整个系统的性能。于是，自然就要求能在最低的水平上保证安全即可。要决定到底需要什么样的安全水平，通常的做法是尝试估计信息需要受保护的时间长度，我们称之为系统的**掩蔽时间**，由此就可以粗略估计出所需要的安全水平。例如，一个适用于战术网络体系的密码系统，其掩蔽时间只需几分钟，要比适用于战略体系的密码系统——如政府机密文件或医疗记录，其掩蔽时间可能长达几十年——"弱"得多。

如果假定我们的解密算法已为他人所知，那么对任何对手而言都存在着一种显而易见的攻击方法。至少在理论上，他们可以挨个去试每一种可能的解密密钥并"希望"自己能找出正确的解密密钥。这样的攻击方法称为**密钥穷举搜索法**，或称**蛮力攻击**。自然，这样的攻击不太可能成功，除非攻击者掌握了某种辨识正确密钥的方法，或者（更常见的）他们起码需要拥有能够排除大多数不正确密钥的方法。例如，在已知明文攻击中，如果选取的解密密钥不能将所有的密文相对应地译为正确明文，很显然这个密钥就是不正确的。但是，正如我们从一些简单的例子所看到的，除非掌握了足够数量的、互相对应的明文与密文组，否则可能会找出许多这样的解密密钥，它们虽然能正确译出已到手的所有密文，但密钥本身仍是不正确的。如果通讯使用的基础语言具有足够严密的结构，那么这种语言的统计特性亦有助于剔除某些密钥。

现在，我们已经可以开始对用于特定目的的密码系统的适用程度给出一些最基本的评价准则。密码系统的用户会说明所需的掩蔽时间。设计者应该知道可能的解密密钥的数目。如果设计者能对攻击者试验每个密钥的速度作出假定，就能进一步估算出用密钥穷举搜索法破译密码的预期时间。如果这个预期时间比掩蔽时间要短，那这个密码系统显然就太弱了。因此，我们提出的第一个比较粗略的要求就是：密钥穷举搜索法所需的预期时间应该在很大程度上长于掩蔽时间。

在谈到对称与非对称算法的区别时，我们曾提到过发送方和接收方之间的信任需求问题。在迪菲－赫尔曼那篇著名的文章发表之前的若干世纪中，人们一直假定加密信息只能在相互信任的当事人之间传递。把信息发送给不受信赖的人的想法被认为是不可能实现的。我们将在以后的章节中讨论公钥算法。但在这里我们要讲一个很著名的例子，它说明一个人如何能确保将一份礼物安全地寄给预定的接收者，尽管这件礼物可能会经过很多想占有它的敌方之手。

在这个例子中，假定发送方有一件礼物，他打算把它放在一个带有挂锁的手提箱中，并送给某人，他对此人的信任程度还不足以让他把自己的钥匙交给对方。发送方会通知预定的接收方去买一把锁和钥匙。我们假定发送方和接收方的锁都不是任何第三方的钥匙能打开的，而且锁和手提箱都足够结实，没有人能够用蛮力从手提箱中将礼物取出。发送方和接收方用下列步骤来保证礼物的传递：

第1步： 发送方把礼物置于手提箱中，锁上手提箱，将钥匙取走。然后将锁好的手提箱发给接收方。

注： 手提箱在从发送方到接收方的路途上是安全的，不受所有敌手的攻击，因为后者无法打开手提箱上的锁。但接收方也不能得到礼物。

第2步： 接收方在手提箱上加一把自己的锁，取走他的钥匙，并把箱子送回给发送方。

注: 手提箱现在锁了两把锁，所以没有人能将礼物取出来。

第 3 步: 发送方用自己的钥匙取下手提箱上属于他的锁，并将手提箱发回接收方。

注: 手提箱上仅剩下接收方的锁。

第 4 步: 接收方打开手提箱上的锁，得到礼物。

这一系列操作的结果是礼物送到了接收方手中，但无论接收方还是发送方都得以把他们的钥匙留在自己身边。他们不需要彼此信任。当然我们关于钥匙、锁以及手提箱的坚固性的假定看起来都是极端不现实的。但是在考虑公钥密码术时，这些假定要被替换为数学等效物，那时人们会更为信服。我们刚才举例的要点是，至少从理论上说，无须彼此信任的安全通信是可以实现的。

我们必须承认，在这个太过简单的例子中，发送方无法知道手提箱上多加的那把锁是谁的，很有可能是敌手假扮接收方将自己的锁加在了手提箱上，这是一个必须注意的问题。手提箱例子中的问题"这是谁的锁？"类似于在使用公钥系统时出现的"这是谁的公钥?",而这是个十分重要的问题。

在进一步阐述理论之前,下一章我们将简述历史上出现过的一些简单例证,以说明有关密码术的理论,并使大家真正理解已经给出的定义。

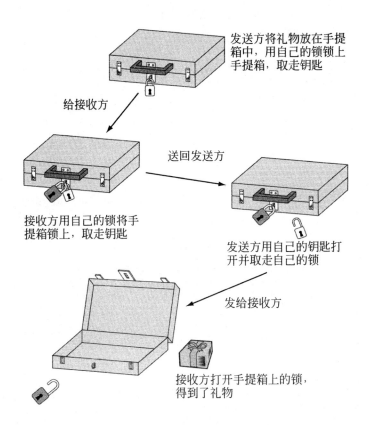

发送方将礼物放在手提箱中,用自己的锁锁上手提箱,取走钥匙

给接收方

送回发送方

接收方用自己的锁将手提箱锁上,取走钥匙

发送方用自己的钥匙打开并取走自己的锁

发给接收方

接收方打开手提箱上的锁,得到了礼物

第三章

历史上的算法：若干简单实例

引言

本章我们将介绍早期的几个使用"笔和纸"的密码实例来阐释第二章讲过的基本概念。我们还要利用它们来帮助读者了解拦截者发起的攻击的类型，以及算法设计者所面临的种种困难。这里所论及的算法都是对称的，其设计和应用都大大早于公钥密码术的出现。本章是为非数学背景的读者写的，但在少数情况下我们觉得不可避免地要涉及到一些基本的数学知识，特别是模算术。出现这种情况时，读者可跳过数学部分，这对他们的理解不会有什么影响。尽管如此，我们还是提供了一些数学辅导内容（见本章后的附录），若读者希望理解全部内容，阅读此部分即可。

这里讲的算法都已过时，并不能代表任何一种现代密码技术。但是，研究早期的一些系统也是大有益处的。这些系统是通过把一个字母替换成另一个的办法，即所谓的字母代换和（或）改变字母的顺序来加密的。研究这些系统有多种益处，一是它们能够给我们提供一些简单的、容易理解的例子以搞清基本概念，并能帮助我们说明密码中若干潜在的弱点。再者摆弄这些密码很有趣，由于它们并不依赖于数学，那些未接受过科学训练的密码"业余爱好者"也会很喜欢。

凯撒密码

最早的密码实例之一是**凯撒密码**。尤利乌斯·凯撒（Julius Caesar）在其作品《高卢战记》中首先介绍了这一密码。在这种密码中，从 A 到 W 的每个字母在加密时用字母表中位于其后三位的那个字母代替，字母 X、Y、Z 则分别被替换成 **A**、**B** 和 **C**。在这里，凯撒对字母进行了 3 "移位"，但用从 1 到 25 中的任何数的移位都能产生类似的效果。事实上，任一种移位现在通常都视为是使用了

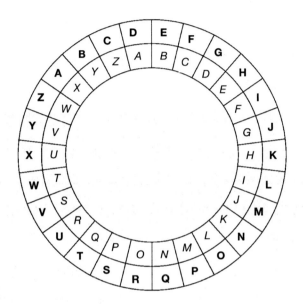

实施凯撒密码的一个"机器"

凯撒密码。

我们再次用一个图表来解释这种密码。该图表标示了两个同心环，外面的环可以自由转动。如果我们从外环的字母 **A** 对应于内环的 *A* 开始，经 2 次移位外环的 **C** 就到了内环 *A* 处，等等。包括 0 移位（当然它与 26 移位是同等的）在内，共有 26 种移位方式。就凯撒密码而言，其加密密钥与解密密钥都是用移位数来决定的。

一旦双方同意选定一种移位，那么一个凯撒密码的加密就可以这样来完成了：在内环上找到明文中的每个字母，再将它替换成图中外环上与之对应的那个字母。而解密时只要实施相反的运作即可。于是，由该图可知经 3 移位后明文信息 *DOG* 变为 **GRJ**，而密码文 **FDW** 的明文则为 *CAT*。为了使读者更确信自己理解这个系统，我们列出以下陈述供读者验证：如果是 7 移位，那么对应于 *VERY* 的密文是 **CLYF**；而对于 17 移位，则对应于 **JLE** 的明文是 *SUN*。

在我们所描述的凯撒密码中，加密密钥和解密密钥都等于移位数，但加密和解密的规则是不同的。不过我们可稍稍改变一下公式，让这两个规则完全相同而让加密密钥和解密密钥变得不同。为此，我们只须注意 26 移位和 0 移位具有相同的作用，对任一个从 0 到 25 的移位而言，以此移位进行的加密等同于从 26 中减去原移位数得到的新移位数所进行的解密。例如，8 移位加密与 18 移位解密是一样的，因为 26 − 8 = 18。这让我们能对加密和解密使用同样的规则，此时解密密钥是 18，相对应的加密密钥是 8。

我们已经提到过密钥穷举搜索法，很明显，因为只有 26 种密钥，因此凯撒密码是很容易被这种攻击破译的。在给出例子之前，我们必须指出这种密码的另一个弱点，那就是只要知道一组对应的明文与密文（这是一个非常小的信息量），就可确定出这个密钥。

为简单起见，我们通过讲述一个完整的例子来解释密钥穷举搜索法。因为只有 26 个密钥，凯撒密码对于这种破译法而言尤为简单。假定我们已经知道使用的是凯撒密码，并预料信息所用语言是英文，我们拦截到一段密码文 **XMZVH**。如果发送方是用 25 移位来加密的，则解密只需实施 1 移位，得出的信息便是 *YNAWI*。这在英语中没意义，所以我们可以放心地在密钥值范围中将 25 移位排除，我们可以按降序逐一尝试从 25 到 1 的这些密钥值，其结果见表 1。

表 1. 密钥穷举搜索法一例：密码文 XMZVH

加密密钥	假设"信息"	加密密钥	假设"信息"	加密密钥	假设"信息"
0	*XMZVH*	17	*GVIEQ*	8	*PERNZ*
25	*YNAWI*	16	*HWJFR*	7	*QFSOA*
24	*ZOBXJ*	15	*IXKGS*	6	*RGTPB*
23	*APCYK*	14	*JYLHT*	5	*SHUQC*

22	*BQDZL*	13	*KZMIU*	4	*TIVRD*
21	*CREAM*	12	*LANJV*	3	*UJWSE*
20	*DSFBN*	11	*MBOKW*	2	*VKXTF*
19	*ETGCO*	10	*NCPLX*	1	*WLYUG*
18	*FUHDP*	9	*ODQMY*		

在这 26 个潜在的信息中，只有一个是英文单词，即 *CREAM*，因此，我们可以推论出加密密钥为 21。这使我们能够破译在此之后的所有信息，直到该密钥变更为止。尽管这一密钥搜索圆满成功，但以下认识很重要：一般而论，对于更复杂的密码，一次密钥穷举搜索可能无法确定出唯一密钥。它更可能是通过删去一些明显错误的密钥而限定了潜在的密钥数目。我们还是回到凯撒密码来解释，注意，当用穷举搜索法寻找密文 **HSPPW** 的加密密钥时会产生两种可能的密钥，它们皆导出了对应于假设信息的完整的英语单词（移位 4，得出 *DOLLS*；移位 11，得出 *WHEEL* ）。

出现这种情形时，我们就需要更多的信息，可能是该信息的背景或一些额外的密文，直到我们能够定出唯一密钥。无论如何，搜索的结果的确表明，我们已显著地减少了可能的密钥的数目，并且，当我们拦截到新的密码文时不需要再进行一次全面搜索。实际上，对于这个小例子，我们仅需要再试试 4 和 11 这两个值。

从这个例子我们还可以观察到另一个有趣的结果。在解决这个问题的过程中，读者可能会发现两个由 5 个字母组成的英语单词，其中一个单词可以用 7 移位的凯撒密码从另一个词得到。读者也许会有兴趣循此办法再找一些更长的对应的词，甚或是一些有意义的短语，它们彼此是可以通过字母移位得到的。

通过以上简单的举例说明，读者应该已经很清楚凯撒密码是很容易破译的。然而，凯撒当时很成功地使用了这种密码，这也许是因为他的敌人绝未想到他是在使用密码。而如今人们对加密都有了更清楚的认识。

利用凯撒轮作为工具对凯撒密码的描述可以改换成用数学的方式来定义。我们将在此阐述这部分内容，不过读者若对使用数学概念感到胆怯，完全可以跳过这段文字，继续去读下一节。

在介绍凯撒密码时，我们注意到 26 移位与 0 移位是相同的。这是因为 26 移位恰是凯撒轮旋转了一整圈。这一推理可以应用至其他移位，即任一移位等价于 0 到 25 之间的某个数的移位。例如 37 移位，是通过凯撒轮转一整圈然后再经过 11 移位得到的。那么，这个例子中的 37 移位等价于 11 移位这种说法就可以写成 37 = 11 (mod 26)。

这就是使用了**模 26 的算术**，其中的 26 称为**模**。模算术——除 26 外还有很多其他的模——在一些密码学领域里起着关键作用。所以在本章末我们增加了一个附录，以使读者熟悉初等数论这一数学分支中的相关定义与作用。

凯撒密码有时也称为**加法密码**。为了说明缘由，我们只需以如下方式为各个字母分派一个整数值：

$$A = 0,\ B = 1,\ \cdots\cdots,\ Z = 25$$

用 y 移位的凯撒密码进行的加密，就是用数 x + y (mod 26) 来代替数 x。例如，N 是字母表中第 14 个字母，所以 $N = 13$。用 15 移位对 N 加密，那么 x = 13，y = 15，这意味着加密后的 N 是 13 + 15 = 28 = 2 (mod 26)，所以 N 就被加密成了 **C**。

正如我们所看到的，加法密码的密钥个数太少了。如果想得到密钥个数多的密码系统，那我们可以试着扩展该系统，考虑引入乘法作为一个替代的加密法则。然而，如果我们要这样做，由于加密必须是一个可逆的过程，"乘法密钥"的个数就必须有所限制。

假设我们想用乘 2 来加密，仍利用模 26 的算术，这样做的结果是 A 和 N 两者都被加密为 **A**，B 和 O 则都被加密为 **C**，等等。这样只有偶数代表的字母才会出现在密码文中，而密码文中每个这样的字母可能代表着两个字母中的一个。这使得解密几乎变得不可能了，因此不能用乘 2 来加密。另一个更为有趣的例子是用乘以 13 来加密，这时字母表中有一半的字母会被加密为 **A**，而另一半字母被加密为 **N**。事实上只有 1、3、5、7、9、11、15、17、19、21、23 或 25 这些数可以用作乘数来进行加密。

简单代换密码

虽然具有大量密钥是密码安全的必要条件，但是我们还要强调，有大量的密钥并不能保证密码系统一定是坚固的。简单代换密码（或称单字母表密码）就是一个很普通的例子，我们下面来详细地讨论它。讨论这种密码，不仅能说明依赖大量密钥作为系统强度指标的危险性，而且还能解释所用语言（此例中是英语）的统计特性是可能被攻击者充分利用的信息。

要制作一个简单代换密码，我们可以在一个严格按字母顺序排列的字母表下面，写下一个按随机顺序排列的字母表，例如：

A	B	C	D	E	F	G	H	I	J	K	L	M
D	**I**	**Q**	**M**	**T**	**B**	**Z**	**S**	**Y**	**K**	**V**	**O**	**F**

N	O	P	Q	R	S	T	U	V	W	X	Y	Z
E	**R**	**J**	**A**	**U**	**W**	**P**	**X**	**H**	**L**	**C**	**N**	**G**

该密码的加密密钥与解密密钥是相同的，就是粗体字母的次序。加密规则是"将每个字母替换为位于它下面的字母"，解密规则是相反的程序。例如，按照此图所示的密钥，对应于 *GET* 的密文是 **ZTP**，而对应于 **IYZ** 的明文信息为 *BIG*。顺便注意一下，凯撒密码是简单代换密码的一个特例，即位于下面的粗体字母排列只是将字母表移了一下位。

简单代换密码的密钥个数，等于字母表中 26 个字母可按不同顺序排列的方法数，它被称为 26 的阶乘，记为 26!，也就是 $26 \times 25 \times 24 \times \cdots \cdots \times 3 \times 2 \times 1$，等于

$$403{,}291{,}461{,}126{,}605{,}635{,}584{,}000{,}000。$$

这无疑是一个很大的数，几乎没有人会用穷举搜索法去寻找密钥。然而如此巨大的密钥数量本身也带来了问题，而且在应用简单代换密码时会出现很多有关密钥管理的问题。第一个明显的问题是，不同于凯撒密码，简单代换密码的密钥很长，很难记住。因此在没有计算机的时代，这种类型的系统都是手工操作的，密钥常被写在一张纸上。如果这张纸被人看见或偷去，就会危及这个系统的安全。如果这张纸丢失，则所有加了密的信息就在下面这种意义上"丢失"了：真正的接收方不得不破译这个算法以找回信息。

为了规避这种风险，使用者试图找到能够产生容易记忆的密钥的方法。一种常见的方法是想出一个密钥短语，去掉所有重复的字母，让它作为密钥的"开头"，然后按字母表顺序加上尚未出现过的字母，使之扩展成完整的密钥。例如，如果我们设密钥短语为"We hope you enjoy this book"（我们希望你喜欢这本书），去掉重复字母后即

变为"wehopyunjtisbk"，那么该密钥便是

W E H O P Y U N J T I S B K A C D F G L M Q R V X Z

　　显然，当限制密钥只能从密钥短语导出时，密钥的数目会大大缩减，因为在 26！种可能的简单代换密钥中，相当大的比例是不可能由一个英语短语用上述方法导出的。然而，这数目对于穷举搜索法而言还是太大而无法施行，不过此时的密钥已经容易记住了。

　　简单代换密码的第二个明显的问题是：很可能存在许多不同的密钥将同一信息加密成同一密文的情况。例如，假定信息为"*MEET ME TONIGHT*"（今晚来见我）。我们使用第一个例子中的密钥来对其加密，则密文为 **FTTP FT PREYZSP**。但是任何一个将 *E* 变成 **T**、*G* 变成 **Z**、*H* 变成 **S**、*I* 变成 **Y**、*M* 变成 **F**、*N* 变成 **E**、*O* 变成 **R** 以及 *T* 变成 **P** 的密钥，都能导出同样的密文。此类密钥的个数多达

$$18! = 6,402,373,705,728,000。$$

这显然意味着，至少对于这类密钥来说，我们不应该假定攻击者需要确定出全部密钥才能从窃听到的密文中得到我

们的信息。

在讨论攻击者如何利用英语这种语言的统计特性破解一些密码（也包括简单代换密码）之前，我们通过精心选择的 4 个简短的例子来说明简单代换密码的一些独特性质。在下面的例子中，我们假设给定的密文已被他人窃听，而且此人知道该信息是用英语写的，还知道加密者使用的是简单代换密码。

例 1：G WR W RWL

因为在英语中只有两个单词是由一个字母构成的，所以可以合理地假定要么 **G** 代表 *A*、**W** 代表 *I*，要么相反。此时很容易去掉 **G** 代表 *A* 的可能性。我们可以很快得出结论：该信息前面的几个字母为 *I AM A MA*，最后一个字母只有有限的几种可能性。如果我们恰好知道这条信息是一个完整的英语句子，那几乎可以肯定它就是 *I AM A MAN*。这一简单的推理没有利用任何密码分析技巧，认识到这一点很重要。它或多或少地"屈从"于英语的语言结构。还要注意到，尽管这一推理尚未确定出密钥，但却将密钥数目从 26！减少到了 22！。如果这只是一个更长的信息的开头部分，我们或者需要另外的论证来确定密钥的其余部分，或者需要进行工作量虽已缩减、但计算上仍然难以实行的密钥搜索。我们还需指出，为了避免这类攻击，传输信息时通常都以 5 个字母为一组发送，这样就隐藏了词的长度和（或）词的结尾等信息。

例 2：HKC

关于这个密文我们能说些什么呢？可说的不多。由于没有别的情报可参考，这条信息可能是任何由 3 个不同字母组成的某个有意义的字序。我们几乎可以肯定地删去几个密钥，譬如那些同时把 Z 加密为 **H**、Q 加密为 **K**、K 加密为 **C** 的密钥。然而余下的可能的密钥数还是太多了，我们可以大胆地说，单靠窃听到的这条密文不能告诉我们任何东西。的确，如果我们想发一条只有 3 个字母的信息，那么简单代换密码就足够了，破解密文的密钥穷举搜索法将会产生所有（不同字母组成的）可能是密文的三字母词。

例 3：HATTPT

对于这个例子，我们可以毫无疑问地限制 **T** 所代表的明文字母的数目。我们还可以放心地推断出 **T** 或 **P** 中的一个必代表元音字母。此外，如果我们有理由相信拦截到的信息是一个完整的单词，那么我们就能够写出所有可能的词汇。*CHEESE*、*MISSES* 以及 *CANNON* 就是其中的几个例子。

例 4：HATTPT（已知这条信息是一个国家的名称）

我们相信这个例子中的信息必定是 *GREECE*。例 3 与例 4 的区别在于，我们得到了关于例 4 的额外情报，使得攻击者的任务从不可能转化为轻而易举。这自然是"战时"情报部门的职责之一。通常正是他们的情报成为密码分析人员破译敌人密码的决定性因素。

英语的统计特性

上节讲的都是一些简短的、精心挑选出来的例子，用以说明一些具体问题。然而，即使是用简单代换密码对相当长的英文信息进行加密时，还是存在一些直接的攻击方法，它们可以破译出信息和密钥，或至少大部分密钥。这些攻击充分利用了英语的一些众所周知的特征。表 2 列出了字母表中的字母使用的频率（以百分比表示）。它们是根据大量报纸和小说中节选出的段落，共约 30 多万个字母样本中统计出来的（此表源自《密码系统：通讯的保护》中的一张表，此书由 H. J. 贝克［H. J. Beker］和 F. C. 派珀［F. C. Piper］编写）。

表 2. 英语文章中字母的相对预期频率

字母	%	字母	%
A	8.2	N	6.7
B	1.5	O	7.5
C	2.8	P	1.9
D	4.2	Q	0.1
E	12.7	R	6.0
F	2.2	S	6.3
G	2.0	T	9.0
H	6.1	U	2.8
I	7.0	V	1.0
J	0.1	W	2.4
K	0.8	X	2.0
L	4.0	Y	0.1
M	2.4	Z	0.1

这些数据与其他作者编制的大量表格的内容是相符的，可以解释为英语文本中这些字母出现的预期频率。它们清楚地表明，英语文本可能会被很少的一些字母所支配。

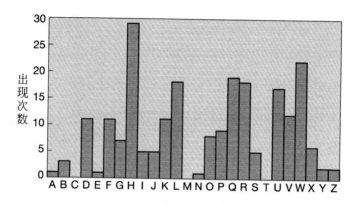

使用简单代换密码得到的一份密文中字母出现的相对频率直方图

当使用简单代换密码时，字母表中每个特定的字母不论出现在文本的什么地方，都用同一个替换字母代替。于是，比如我们在加密时令 **R** 代表 *E*，那么密文中 **R** 出现的频率就等于原信息中 *E* 出现的频率。这就意味着，如果信息中的字母出现的频率如表 2 所示，那么密文中的字母出现的频率也会表现出同样的不平衡性，只是字母间的频率分布不同了。为了更好地理解这一点，我们画了一个频率直方图，用以表示使用简单代换密码得到的一份较长密文中字母出现的频率。

比较表 2 与这张直方图，密码分析者可以合理地猜想 **H** 对应于 *E*，而 **W** 对应于 *T*。因为英语中最常用的三字

母词无疑是 *THE*，那么攻击者可以充满自信地假定密文中出现最多的三字母词应是 **W*H**，其中，* 代表某个固定的字母。这不仅确认了最初的猜测，还暗示明文中与字母 * 对应的是 *H*。若读者有兴趣验证破译这些密码有多么容易，应该尝试去读下面这段文字，它是用简单代换密码加密的一段密文。

DIX DR TZX KXCQDIQ RDK XIHPSZXKPIB TZPQ

TXGT PQ TD QZDM TZX KXCJXK ZDM XCQPVN

TZPQ TNSX DR HPSZXK HCI LX LKDUXI. TZX

MDKJ QTKFHTFKX DR TZX SVCPITXGT ZCQ LXXI

SKXQXKWXJ TD OCUX TZX XGXKHPQX XCQPXK.

PR MX ZCJ MKPTTXI TZX. HKNSTDBKCOPI

BKDFSQ DR RPWX VXTTXKQ TZXI PT

MDFVJ ZCWX LXXI ZCKJXK. TD HDIWPIHX

NDFKQXVWXQ DR TZPQ SCPKQ SCPKQ DR

KXCJXKQ HCI SKDWPJX XCHZ DTZXK MPTZ

HKNSTDBKCOQ MPTZ TZPQ VXTTXK BKDFSIB.

任何一位破译了这段密文的读者，几乎肯定利用了文字间的间隔所提供的信息。如将加密前的英语中的间隔去掉，破译就会困难得多。

在结束这一简短讨论之际，我们必须承认我们没有定量地给出"长"密文的概念。当然，在这方面并没有精确的答案。200 个字母长的密文大概就足以利用上述统计信息解出了。此外我们发现，学生们通常能破译大约有 100 个或更多一些字母的密文。

作为题外话，我们要强调，并不能保证每个特定信息的统计特性都精确地符合表 2。例如，当加密私人信件时，"you"这个词很可能就会像"the"一样常见。为了举例说明一个信息的统计特性可以被人为地操控到什么地步，我们要告诉大家一本 200 页的小说，其中竟没有用到字母 E（见吉尔伯特·阿代尔 [Gilbert Adair] 翻译的乔治·佩雷克 [Georges Perec] 的著作《虚无》[*A Void*]）。

上文讲述的这种攻击方式能够成功的原因是几个"最常用"的字母似乎"主导"着信息，与其密文相等价的明文能被很容易地确认出来。为防止这种情况发生，有一种方法是采用**双字母组**进行简单替换，双字母组是指连续的两个字母组成的字母对，如果这样做，我们的密钥将是 676 个字母对的一种排列。这时我们的密钥非常长，而且其数量空间达到 676！，几乎是个天文数字。不过，这种方法相当笨拙，并且它也会遭受同一类型的攻击，因为正如单字母的情形一样，长信息同样会被相对较少的几个双字母组所主导。

显然，要模仿上面的简单代换密码的密钥那样，把所有的 676 个双字母组列表，并在其下列出相应的密文，是不太现实的。因此，我们需要某种简单的方法去确定密钥，并表示加密和解密算法。现在我们就给出一种基于双字母组的密码作为例子，它可能的密钥的数量相对较少。

普莱费尔密码

普莱费尔密码是查尔斯·惠特斯通（Charles Wheatstone）爵士与莱昂·普莱费尔（Lyon Playfair）男爵于 1854 年发明的，在英国战争部一直使用到 20 世纪初，包括在布尔战争期间。它是"双字母组"密码的一个例证，这意味着字母是成对而不是单个加密的。密钥是一个 5 行 5 列的方阵（内含 25 个字母，即在字母表中删去 J 之后剩下的字母），密钥个数达到 25!，亦即

15,511,210,043,330,985,984,000,000。

在用普莱费尔密码加密之前，信息必须稍稍重新排列一下，方法如下：

- 用 I 代替 J；

- 将信息写成字母对的形式；

- 避免出现同样的字母组成的字母对——如果出现，则在它们中间插入 Z；

- 如果写出的字母个数是奇数，则在结尾处加上 Z。

为了解释该密码的运作方式，我们选取一个具体的密钥，当然我们的选择不失一般性。

S	T	A	N	D
E	R	C	H	B
K	F	G	I	L
M	O	P	Q	U
V	W	X	Y	Z

一旦信息得到了适当的重新排列，我们便给出加密规则。为了使我们的叙述更清楚，我们将原来的密钥扩充为 6 行 6 列。第六行与第一行相同，第六列与第一列相同。于是，在我们的例子中，扩充后的密钥如下图。

S	T	A	N	D	S
E	R	C	H	B	E
K	F	G	I	L	K
M	O	P	Q	U	M
V	W	X	Y	Z	V
S	T	A	N	D	

加密规则如下:

- 如果两个字母位于密钥中的同一行,则每个字母都替换为扩充后的密钥中位于它右侧的字母。

- 如果两个字母位于密钥中的同一列,则每个字母都替换为扩充后的密钥中位于它下方的字母。

- 如果两个字母既不在同一行,也不在同一列,则第一个字母替换为与它同行,但列数与第二个字母相同的字母,第二个字母替换为与刚使用过的三个字母形成矩形的那个字母。

现在我们来加密下述信息: *GOOD BROOMS SWEEP CLEAN*(好扫帚扫得干净)。

由于该信息中没有字母 J,我们只须在用字母对的形式写这条信息时适当地加入字母 Z,这样便得到:

GO OD BR OZ OM SZ SW EZ EP CL EA NZ

于是，根据我们选定的密钥，*GO* 变为 **FP**；*OD* 变为
UT；*OM* 变为 **PO** 等，全部密文变为

FP UT EC UW PO DV TV BV CM BG CS DY

与简单代换密码一样，使用者倾向于使用一个密
钥短语来确定密钥矩阵。方法与简单代换密码相同，即
完整地写下这个密钥短语，去掉重复字母，再按字母
表的顺序加上没用到的字母。因此，如果这个短语是
UNIVERSITY OF LONDON，去掉重复字母后就变为
UNIVERSTYOFLD，那么所得方阵就如下图所示。

解密总是加密的逆过程。任何一位希望确保自己真
正理解了普莱费尔密码是如何运作的读者，不妨解密一
下 **MBOUBTZE**，可利用下面的方阵作密钥（答案是一个
由 7 个字母组成的英文单词，我们希望该词并不反映读者
的精神状态）。我们就不讨论这种密码的密码分析问题了。
容易描绘又很有趣的密码例子还有很多。本书最后会提供
合适的参考资料。

U	N	I	V	E
R	S	T	Y	O
F	L	D	A	B
C	G	H	K	M
P	Q	W	X	Z

同音异词编码

改进简单代换密码的另一种途径是通过引入一些附加的符号来扩展字母表，使得明文中诸如 E 这样的字母能用不止一个密文符号来表达。

这些附加的符号通常称为随机元素（或简称随机元），扩展字母表的过程叫做同音异词编码。我们可以通过介绍一个密码来加以说明，其中密文字母表是数字 00、01、02、……、31。每个密文数字仅代表唯一一个明文字母，但是字母 A、E、N、O、R、T 中任何一个都由两个不同的数字来代表。

作为例证，我们可以像下列图表那样给每个字母指定相应的数。

A	*A*	*B*	*C*	*D*	*E*	*E*	*F*	*G*	*H*	*I*	*J*	*K*	*L*	*M*	*N*
01	07	14	21	04	13	27	20	29	31	06	28	12	30	17	00

N	*O*	*O*	*P*	*Q*	*R*	*R*	*S*	*T*	*T*	*U*	*V*	*W*	*X*	*Y*	*Z*
18	26	19	09	10	25	10	23	02	08	24	22	05	16	15	11	03

在上述对应下，*TEETH* 这个有两对重复字母的词，可以写为 24 27 13 08 31。不知道这个密钥的人，都会认为该密文的 5 个符号是不同的，但真正的接收者绝不会混淆。

上面选出的 6 个字母，可能是明文中最常用的字母。我们以 *E* 为例，如果我们随机地从两个选定的数字中确定一个代表 *E*，那么我们可以预计这两个数字中的每一个在密文中占的比例为 6%。一般而言，同音异词编码的作用就是保证密文的预期频率直方图能比明文的预期频率直方图更平缓些。这样就增加了利用统计法进行攻击的难度。

注 1：在这个密码中，我们把 0、1、2 写为 00、01、02 等。在不使用空格时，我们需要用这种方法来区分（比方说）数字"12"与数字"1 后面跟着一个 2"。

24 29 25 00 20
31 29 05 07 14
05 04 31 28 18
04 26 31 18 23
21 07 31 18 16
20 21 25 24 21
31 05 24 09 21
18 20 08 12 05
24 31 12 28 05
31 21 24 08 05
26 05 25 08 21
08 14 12 17 21
30 17 30 27 10
25 12 28 18 30
12 21 18 25 24
26 13 29 31 28
01 07 31 19 17
07 01 10 14 08
05 09 21 07 00
05 10 10 14 21
16 31 27 23 26
21 24 20 18 01
07 08 30 21 20
09 21 07 12 28
26 25 17 12 18
30 12 17 00 20
15 30 10 29 14
10 26 14 30 05
30 26 17 30 10
21 31 27 04 18
20 04 30 27 03

01 12 27 10 01
20 26 01 04 26
30 01 13 21 26
15 21 25 26 31
12 12 28 18 13
30 10 18 17 19
08 26 05 08 14
25 04 13 27 31
12 12 28 18 08
23 18 19 10 01
31 21 08 07 29
04 26 25 12 21
01 20 10 26 31
10 05 21 07 12
26 01 07 04 10
11 18 20 14 21
23 12 28 26 24
12 21 25 19 01
24 21 30 28 26
07 11 29 10 11
17 19 08 24 21
08 17 07 21 25
18 04 00 27 26
21 08 24 17 25
31 28 01 12 31
01 30 28 21 24
18 04 01 31 13
23 09 21 07 24
26 06 21 12 28
19 17 23 24 20
03 10 26 08

12 06 29 07 08
20 06 28 29 28
25 24 26 12 29
28 26 30 10 01
05 08 21 24 30
31 28 18 05 12
12 17 27 07 04
12 28 18 19 05
31 01 12 21 08
12 12 26 23 15
12 08 29 26 05
19 14 31 28 18
12 26 20 28 21
18 16 31 30 01
27 24 09 05 23
15 30 29 20 12
23 14 30 12 01
24 31 13 20 18
20 08 27 08 27
18 08 01 15 21
18 25 12 21 19
00 05 25 04 21
08 08 06 17 23
31 18 16 31 06
28 26 24 20 14
12 18 05 15 18
10 26 12 24 28
10 27 04 26 04
05 07 01 30 31
17 08 08 06 17

注 2：破译普通的简单代换密码相对较易。我们希望所有的读者都破译出了前文中的那一段密文。破译我们现在讨论的这种密码就需要更大的耐心和更好的运气。任何需要被说服或喜欢这类难题的读者，不妨试着读读下列密文。仅有的情报是，这是一个英语文本，是用上文讨论过的带有同音异词编码的简单代换密码加密的。密钥未知，但不是上面所列的那张表。此外，明文中的字母是按 5 个一组写出的（这意味着攻击者不能识别短的词，尤其是一个字母的词）。这个练习不容易，我们并不强求读者非得一显身手不可。

多字母表密码

使用同音异词密码时，密文的频率直方图因字母表范围的扩大而变得更为平缓。这使得同一个明文符号可以用多个密文符号来代表。但实际上，每个密文符号仍然只代表唯一的一个明文符号，这样就总是存在着下述危险：对于给定的密钥，攻击者能汇编出一部已知的明文与密文相对应的词典。

另一个可以使频率直方图平缓化的方法是使用多字母表密码。在使用多字母表密码时，代替特定明文字母的密文符号，在整个密文中可能发生变化，例如根据它在明文信息中的位置或根据位于它前面的明文的内容而发生变化。对于这种密码而言，同样的密文符号可以代表不同的明文字母，这在同音异词编码中是做不到的。

我们必须再次指出，我们描述的这些简单的密码例子，现在已不再使用。我们之所以花费笔墨来讨论，是为了借此说明现代算法设计者必须避免的一些陷阱。至于我们在前面讲的那些例子，则是为了阐释一些密码分析的技巧，而且这些例子能帮我们编出一些既有教益又有趣味的练习。

维热纳尔密码

维热纳尔密码大概是最为著名的"手工编制"的多字母表密码，它得名于 16 世纪法国的一位外交家布莱兹·德·维热纳尔（Blaise de Vigenère）。虽然它早在 1586 年就已问世，但直到 200 年后才得到广泛承认，最后在 19 世纪中叶被巴比奇（Babbage）和卡西斯基（Kasiski）破译。有趣的是，在美国南北战争中南部同盟军就使用了维热纳尔密码，而南北战争时期这个密码早已被破译了。这可以从尤利西斯·S.格兰特将军[1]的一段话中得到印证："我们有时花太多时间去破译拦截到的信息，得不偿失，不过有时它们提供了很有用的信息。"

维热纳尔密码利用维热纳尔方阵来进行加密。这个方阵最左边的（密钥）列是英文字母表，对于此列的每一个字母，与它相对应的那一行是字母表的一个循环，并以该字母为循环的起始字母。所以最左边这列上的每个字母实际上都对应着一个凯撒密码，其移位由该字母所确定。例如，字母 g 所对应的就是 6 移位的凯撒密码。

1　尤利西斯·S.格兰特（Ulysses S. Grant），北军总司令。——译注，下同

密钥   **明　文**

	A B C D E F G H I J K L M N O P Q R S T U V W X Y Z
a	A B C D E F G H I J K L M N O P Q R S T U V W X Y Z
b	B C D E F G H I J K L M N O P Q R S T U V W X Y Z A
c	C D E F G H I J K L M N O P Q R S T U V W X Y Z A B
d	D E F G H I J K L M N O P Q R S T U V W X Y Z A B C
e	E F G H I J K L M N O P Q R S T U V W X Y Z A B C D
f	F G H I J K L M N O P Q R S T U V W X Y Z A B C D E
g	G H I J K L M N O P Q R S T U V W X Y Z A B C D E F
h	H I J K L M N O P Q R S T U V W X Y Z A B C D E F G
i	I J K L M N O P Q R S T U V W X Y Z A B C D E F G H
j	J K L M N O P Q R S T U V W X Y Z A B C D E F G H I
k	K L M N O P Q R S T U V W X Y Z A B C D E F G H I J
l	L M N O P Q R S T U V W X Y Z A B C D E F G H I J K
m	M N O P Q R S T U V W X Y Z A B C D E F G H I J K L
n	N O P Q R S T U V W X Y Z A B C D E F G H I J K L M
o	O P Q R S T U V W X Y Z A B C D E F G H I J K L M N
p	P Q R S T U V W X Y Z A B C D E F G H I J K L M N O
q	Q R S T U V W X Y Z A B C D E F G H I J K L M N O P
r	R S T U V W X Y Z A B C D E F G H I J K L M N O P Q
s	S T U V W X Y Z A B C D E F G H I J K L M N O P Q R
t	T U V W X Y Z A B C D E F G H I J K L M N O P Q R S
u	U V W X Y Z A B C D E F G H I J K L M N O P Q R S T
v	V W X Y Z A B C D E F G H I J K L M N O P Q R S T U
w	W X Y Z A B C D E F G H I J K L M N O P Q R S T U V
x	X Y Z A B C D E F G H I J K L M N O P Q R S T U V W
y	Y Z A B C D E F G H I J K L M N O P Q R S T U V W X
z	Z A B C D E F G H I J K L M N O P Q R S T U V W X Y

维热纳尔方阵

　　利用这个方阵设计密码的最常用的一个方法是选择一个无重复字母的密钥词（或密钥短语）。如果明文信息比密钥词长，那么就重复密钥，重复次数视需要而定，这样，我们就能得到一个跟信息一样长的字母序列。

然后把该字母序列写在我们的信息下面。例如当信息是

PLAINTEXT 而密钥词是 "fred" 时，我们得到：

信息	*P*	*L*	*A*	*I*	*N*	*T*	*E*	*X*	*T*
密钥	**f**	**r**	**e**	**d**	**f**	**r**	**e**	**d**	**f**

下面我们利用该方阵来加密这条信息。

密钥　　　　　　　　　　　**明　文**

```
  A B C D E F G H I J K L M N O P Q R S T U V W X Y Z
a A B C D E F G H I J K L M N O P Q R S T U V W X Y Z
b B C D E F G H I J K L M N O P Q R S T U V W X Y Z A
c C D E F G H I J K L M N O P Q R S T U V W X Y Z A B
d D E F G H I J K L M N O P Q R S T U V W X Y Z A B C
e E F G H I J K L M N O P Q R S T U V W X Y Z A B C D
f F G H I J K L M N O P Q R S T U V W X Y Z A B C D E
g G H I J K L M N O P Q R S T U V W X Y Z A B C D E F
h H I J K L M N O P Q R S T U V W X Y Z A B C D E F G
i I J K L M N O P Q R S T U V W X Y Z A B C D E F G H
j J K L M N O P Q R S T U V W X Y Z A B C D E F G H I
k K L M N O P Q R S T U V W X Y Z A B C D E F G H I J
l L M N O P Q R S T U V W X Y Z A B C D E F G H I J K
m M N O P Q R S T U V W X Y Z A B C D E F G H I J K L
n N O P Q R S T U V W X Y Z A B C D E F G H I J K L M
o O P Q R S T U V W X Y Z A B C D E F G H I J K L M N
p P Q R S T U V W X Y Z A B C D E F G H I J K L M N O
q Q R S T U V W X Y Z A B C D E F G H I J K L M N O P
r R S T U V W X Y Z A B C D E F G H I J K L M N O P Q
s S T U V W X Y Z A B C D E F G H I J K L M N O P Q R
t T U V W X Y Z A B C D E F G H I J K L M N O P Q R S
u U V W X Y Z A B C D E F G H I J K L M N O P Q R S T
v V W X Y Z A B C D E F G H I J K L M N O P Q R S T U
w W X Y Z A B C D E F G H I J K L M N O P Q R S T U V
x X Y Z A B C D E F G H I J K L M N O P Q R S T U V W
y Y Z A B C D E F G H I J K L M N O P Q R S T U V W X
z Z A B C D E F G H I J K L M N O P Q R S T U V W X Y
```

利用维热纳尔方阵以密钥字母 f 对 *P* 进行加密

为了加密第一个字母 P，要使用位于它下面的密钥字母，此时是 **f**。于是，加密 P 时我们从方阵中由 **f** 所对应的那行中读出位于 P 下方的字母，即 **U**。类似地，加密 L 时，从 **r** 所对应的那行中取出位于 L 下方的字母，即 **C**。用密钥字母 **f** 对 P 加密的过程如下图所示。

凡是能弄明白这一过程的读者，应该都能得出以 **fred** 为密钥词对 *PLAINTEXT* 进行加密所得到的密文是 **UCELSLIAY**。

这意味着我们知道：

信息： $P\ L\ A\ I\ N\ T\ E\ X\ T$

密钥： **f r e d f r e d f**

密文： **U C E L S L I A Y**

现在我们能看到，明文字母 T 在密文中可表示为 **L**，也可表示为 **Y**，而密文字母 **L** 既可以代表 I，也可以代表 T。很清楚，我们利用这种密码，能够防止密文中的字母频率具有与用简单代换密码得出的密文所显示的频率相同的模式。

维热纳尔密码有很多变种，比如其中有一种允许密钥词中出现重复的字母。每个变种都具有一些细微的不同特征，从而引发攻击方式的微小变化。不过我们将只关注前文已经定义的那种简明的系统。

维热纳尔密码是多字母表密码的特例，它以严格的轮换方式重复使用一串（短的）简单代换密码。这种密码所使用的密码组件的数目称为**周期**，显然，我们在上文所描述的这种版本的维热纳尔密码，其周期等于密钥词的长度。

在继续讨论周期性密码之前，有一点值得关注，例如，一个周期为 3 的多字母表密码，无非就是三字母词的简单代换密码的特例。这个简单的实例印证了一条具有普遍性的原则，即改变字母表可以改变密码的"性质"。目前我们集中讨论的密码，其基本符号是英语字母表中的字母。在讨论更现代的密码时，我们会倾向于将所有信息都看作是以二进制数字（0 和 1）为基础的序列。

正如我们已指出的，使用多字母表密码的目标之一就是对基础语言中的字母频率加以伪装。我们画了一个直方图来说明这一目标是如何达到的。该图显示了一篇特定的密文——使用周期为 3 的维热纳尔密码对一段英文加密所得——的频率图。

这个直方图与我们在前面给出的那个直方图之间存在着许多明显的区别。最突出的几点是，在第二张图中每个字母都出现了，而且没有一个字母处于如第一张图中 **H** 那样明显的主宰地位。第二张图无疑比第一张图平缓些，因此潜在的攻击者无法立即从中获得帮助。查看第二张直方图的人可能会被迷惑而推断图中的密文字母 **R** 代表明文中某处的字母 E，然而他们不会知道这个字母 E 出现的具体位置。

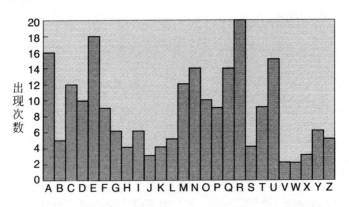

使用三个严格轮换的简单代换密码加密的一份密文的频率直方图

一般来说，我们预期该直方图的平缓性反映了周期的长度，而密码的周期越长就越难破译。在某种意义下，这一论断是正确的。然而，实际上使用周期性多字母表密码的最大好处，就是使得密码分析学家需要知道更多的密文才能开始攻击。为了说明其中的缘由，我们来关注维热纳尔密码。我们的某些断言对于任一多字母表密码来说都是正确的，而其他一些结论则依据我们所定义的维热纳尔密码的特征的不同而变化。对读者而言，区分这两种情况是很重要的。因此，改变多字母表密码可能会改变攻击的细节，并对密码系统有所"加强"。然而，那些密钥比信息短得多的多字母表密码，还是很容易遭受这里提到的攻击形式的某些变种的袭击。

为了破译维热纳尔密码，确定出密钥词就足够了。如果已知周期，而且周期不太长，那么可以编写一个计算机程序来对密钥进行穷举搜索。作为具体的例证，读者不妨对密文 **TGCSZ GEUAA EFWGQ AHQMC** 进行密钥搜索，假定它原是一条英文信息，是使用密钥词字长为 3 的维热纳尔密码进行加密后所得。任何一位读者，只要试着去做，都会面临一个有关如何认出正确的密钥词的有趣问题。基本的假定是这个三字母词是唯一的，它使所得到的明文是有意义的。而真正的问题所在，恰是如何确认明文是有意义的。有一种办法是坐在屏幕前检查应用每个密钥得出的结果。显然这是一件既乏味又费时的事。但是，必须找出各种各样的选择。

当我们要对长度为 p 的密钥词进行穷举搜索时，系统地尝试所有由 p 个字母组成的那些序列，也许比只考虑英文词要容易些。于是，对已知周期为 p 的维热纳尔密码进行密钥穷举搜索大概需要 26^p 次试算。这意味着周期加长时，密钥穷举搜索将很快变得难以驾驭。无论如何，如果周期已知，总是可以比较直接地确定密钥而无须进行搜索。一种方法是将密文改写为 p 行，并使得每一列都按原来的顺序写。例如，对于 $p = 3$，若密文为 $c_1 c_2 c_3 c_4 c_5 c_6 c_7 c_8 c_9 \cdots\cdots$ 我们则可以把它写为

$$c_1 c_4 c_7 c_{10} \cdots$$

$$c_2 c_5 c_8 c_{11} \cdots$$

$$c_3 c_6 c_9 c_{12} \cdots$$

这样排列之后，每一行都是使用同一简单代换密码所得出的，这种密码作为维热纳尔密码的一个特例，乃是一种加法密码。我们可以对每一行使用上一节提及的统计论

证。事实上，对于维热纳尔密码来说，若密文长度与周期 p 相比较而言很长，那么足以确定出每一行中出现频率最高的字母并推定这些字母代表 E、T 或 A 中的某个字母。这一观察充分利用了如下事实，即对每一行而言，其所使用的简单代换密码就是凯撒密码。正如我们已提到过的，这意味着掌握了一组对应的明文与密文就足以确定出密钥。因此，如果凭借聪明的猜想与好运，能从每一行确定出与一个密文对应的字母，那么密钥便可确定出来。

到目前为止的论述表明，试图破译维热纳尔密码的攻击者所面临的真正问题是周期 p 的确定。一种可能的办法是系统地尝试各种小值的 p。但是也有一些简单巧妙的方法可用。最为著名的是卡西斯基检测，巴比奇就使用过它——巴比奇是破译该密码的第一人。他的方法是在密文中搜索重复的（长）字母串。这种现象的出现很可能代表了用相同的密钥字母加密的信息中一些相同的段落。它意味着两个重复模式之间的距离可能等于周期的整数倍（对维热纳尔密码进行的密码分析，在辛格所著的《码书》中有详细讨论）。

换位密码

到目前为止，我们给出的所有例子都是将信息以及替代信息的字母或字母组代换成另外的字母或字母组。所以，它们都可归入替代密码的行列。然而，还存在着另外一族基于改换字母书写次序的密码。这就是所谓的**换位密码**。下面我们给出一个很简单的例子。

在我们的这个例子中，密钥是一个很小的数。我们用 5 作为密钥。在利用这个密钥加密信息时，我们先将信息按 5 个字母一行写好，加密时则从第一列字母开始写，然后写第二列字母，等等。如果这个信息的长度不是 5 的倍数，那么加密前需要在信息的末端加上适当个数的 *Z*。整个过程通过讲解一个小例子便一目了然。

我们来加密信息 *WHAT WAS THE WEATHER LIKE ON FRIDAY*（星期五的天气怎么样）。因为密钥是 5，加密过程的第一步是将信息写为 5 个字母一行的形式，即：

$$
\begin{array}{ccccc}
W & H & A & T & W \\
A & S & T & H & E \\
W & E & A & T & H \\
E & R & L & I & K \\
E & O & N & F & R \\
I & D & A & Y &
\end{array}
$$

因为信息长度不是 5 的倍数，我们必须加上一个 Z，
从而得到：

W	H	A	T	W
A	S	T	H	E
W	E	A	T	H
E	R	L	I	K
E	O	N	F	R
I	D	A	Y	Z

现在我们依此按一列一列的顺序读出如下密文：

WAWEEIHSERODATALNATHTIFYWEHKRZ

为了得到解密密钥，我们只需用信息长度除以密钥。
在此例中即用 30 除以 5，答案为 6。解密算法与加密算
法相同。对于此例，我们将密文按 6 个字母一行来书写，
得到：

W	A	W	E	E	I
H	S	E	R	O	D
A	T	A	L	N	A
T	H	T	I	F	Y
W	E	H	K	R	Z

现在很容易看出，依次读出每一列的字母即可还原为原始
信息。

这里给出的这种换位密码很容易破译。因为密钥必须是密文长度的除数，攻击者只须算出密文长度，然后依次试它的每个除数即可。

超级加密

至此，我们在本章中描述了一些简单的密码，其中多数是很容易破译的。现在我们来介绍一种概念，即组合两个或多个弱的密码可以得出比原来任一个都强的密码。这个概念被称为**超级加密**。它的基本思想十分简单，比如说我们想使用简单代换密码和换位密码来进行超级加密，那么只需先用简单代换密码加密信息，然后对所得的密文再用换位密码加密。我们还是用一个简单例子来说明。

比如我们要用密钥为 2 的凯撒密码和密钥为 4 的换位密码对信息 *ROYAL HOLLOWAY* 进行超级加密。先用密钥为 2 的凯撒密码加密便得到：

信息：*R O Y A L H O L L O W A Y*

密文：**T Q A C N J Q N N Q Y C A**

再用密钥为 4 的换位密码加密，于是有：

信息：*T Q A C N J Q N N Q Y C A*

密文：**T N N A Q J Q Z A Q Y Z C N C Z**

超级加密是很重要的技巧，现代的很多强密码算法都可以视为是用几个相对较弱的算法进行超级加密后的结果。

几点结论

从前面几节讨论过的若干实例可以清楚地看出，诸多因素影响着攻击者破译密码系统的机会。我们也已看到，虽然掌握密钥是攻击者最主要的目标，但如果所使用的基础语言结构性很强，那么他无须找出整个密钥就有可能破译出特定的信息。事实上，我们前面给出的例子已经很清楚地表明，在估计攻击者成功的可能性时，基础语言的结构是极为重要的因素。例如，我们很清楚，对随机数据进行伪装比起成功地加密英文文本要容易得多。对英文文本而言，保护短信息的安全比保护长信息要容易得多，这显然也是事实。确实，对于单独的一条短信息，比如说它只有 3 个或 4 个字母，那么很多弱加密算法就足够用来对它加密并保证其安全了。

附录

引言

在本附录中，我们将讨论两个基本的数学概念，即整数的二进制表示和模算术。两者都在密码术中起了关键作用。二进制数常常是学校教授的内容，模算术就不然了，但是对某些特殊的数值来说，比如 7 与 12，人们会很自然地用到模算术。

二进制数

当我们用十进制数系写一个整数时，本质上使用了个位、十位、百位、千位等位的概念。这样，3,049 表示千位是 3，百位是 0，十位是 4，个位是 9。在十进制数系中我们以 10 为基数，各个不同的位表示 10 的不同幂次，所以，$10^0 = 1$，$10^1 = 10$，$10^2 = 100$，$10^3 = 1000$，等等。

在二进制数系里，我们以 2 为基数。基本数字就是 0 和 1，此时我们有个位、二位、四位（请记住 $4 = 2^2$）和八位（$8 = 2^3$）等。这意味着每个二进制数串都可以视为一个数，例如 101，表示四位是 1，二位是 0，个位是 1，所

以二进制数串 101 在十进制中表示 4 + 0 +1 = 5。类似地，
1011 表示八位是 1，四位是 0，二位是 1，个位是 1，因
此在十进制中，二进制数串 1011 = 8 + 0 +2 + 1 = 11。最
后再举一个例子 1100011，此时我们有 7 个数位，所对应
的 2 的幂次分别为 1、2、4、8、16、32、64。因此，在
十进制数系中，这个二进制数串 1100011 代表 64 + 32 + 0
+ 0 + 0 + 2 + 1 = 99。

　　显然，任何一个正整数都可以写为二进制数串的形
式，并且有很多种方法可用来确定这种形式。我们以两
个例子来说明其中的一种方法。假设我们希望用二进制
表示 53 这个数。2 的各个幂次的值为 1、2、4、8、16、
32、64……。我们可以终止于 32，因为其他幂次都大于
53。现在 53 = 32 + 21，而 21 = 16 + 5，且 5 = 4 + 1，所以，
53 = 32 + 16 + 4 + 1。我们所做的就是将 53 写为 2 的幂次
之和。现在我们知道 53 = (1×32) + (1×16) + (0×8) +
(1×4) + (0×2) + (1×1)，所以在二进制中，53 =
110101。第二个例子是 86。这一次 2 的最高幂次止于 64，
重复上面的推理，我们得出 86 = 64 + 16 + 4 + 2，于是在
二进制中 86 即为 1010110。

术语**比特**（**bit**）是二进制数字（binary digit）的缩写。当我们提到一个 n 比特数时，我们是指将它表示成二进制数的形式时所需的比特数是 n。在上面例子中，53 是个 6 比特数，86 是个 7 比特数。一般而论，在将一个十进制 d 位数表示成二进制数时，所需的比特数大约为 $3.32d$。

模算术

模算术只跟整数有关。若 N 是一个正整数，则模 N 的算术只会用到 0、1、2、3、……、N－1，即从 0 到 N－1 的整数。

当 N 取某几个特定的值时，模 N 的算术对于大多数人来说其实是司空见惯的现象，虽然他们可能并不熟悉相应的数学术语。例如我们使用的 12 小时的钟表，实际上是在使用模 12 的加法。如果现在是 2 点钟，那么每个人都"知道"再过 3 个小时是 5 点钟；而过了 15 小时仍是 5 点钟。这是因为 15 = 12 + 3，而每过 12 小时，所显示的时间是重复的。其他的自然数还有 N = 7（每周的天数）和 N = 2（奇数与偶数）。

如果两个数除以 N 之后有相同的余数，我们就说它们是模 N 相等的。例如 N = 7 时，因为 9 =（1×7）+ 2，23 =（3×7）+ 2，于是我们就说 9 与 23 模 7 相等。如果 x 和 y 模 N 相等，我们记为 x = y (mod N)。注意，任何一个整数必定与 0、1、2、……、N − 1 中的一个值模 N 后相等。

作为模算术的应用实例，我们假定一个月的第一天是星期二，那么很清楚第 2 天是星期三，第 3 天是星期四，以此类推。第 29 天是星期几？回答这个问题的一个方法是去查日历，或是把全月的每一天都写出来。另一种方法是利用日期的星期数具有每隔 7 天就重复的模式。所以，很清楚，第 8 天也是星期二。请注意，29 = 4×7 + 1，使用上面的数学符号可表示为 29 = 1 (mod 7)，那么第 29 天恰是第一天之后过了 4 个星期，所以又是星期二。类似的推理告诉我们，因为 19 = 2×7+5，那么第 19 天就是星期六。

介绍了模 N 概念在生活中的应用之后，其算术运算也变得简单易懂。例如，若 N = 11，则 5×7 = 2 (mod 11)，这是因为 5×7 = 35 =（3×11）+ 2。我们也可以写出模 N 的方程。例如解 3x = 5 (mod 8) 这个方程，意味着要找出一个 x，使得 3 与 x 的乘积等于 5 模 8。这个特定方程的解是

x = 7。限于篇幅，本附录并不打算阐述解这类方程的方法。但很容易验证，x = 7 确实满足 3x = 5 (mod 8) 这个方程，因为 3 × 7 = 21 = 2 × 8 + 5。在讨论模算术时，我们必须记住只"允许"使用整数。特别是当我们求解像 3x = 5 (mod 8) 这样的方程时，答案必须是 0 与 7 之间的整数。

本书介绍模算术的主要理由之一，是因为两个最流行的公钥密码算法都使用模指数作为它们的基本数学方法。模指数其实就是指：对给定的整数 x、a 和 N 来计算 x^a (mod N)。假定 x = 5、a = 4 且 N = 7，那么 5^4 = 5 × 5 × 5 × 5 = 625 = (89 × 7) + 2，所以 5^4 = 2 (mod 7)。任何使用密码术的人都不需要具备进行这种计算的能力，但理解这些数学符号几乎肯定是有益的。

在讨论凯撒密码时，我们介绍了加法密码，即给字母表中的每个字母指定一个数，然后使用模 26 的算法。仔细查看维热纳尔方阵，我们可以发现对应于密钥字母 a 的第一行代表了移位为 0 的加法密码，由密钥字母 b 所决定的第二行代表移位为 1 的加法密码，等等。事实上，如果我们同时考虑到字母和数的对应，即 A = 0、B = 1、……、Z = 25，那么，每个密钥字母无非就显示了一种加法密码的使用，且该加法密码的移位数等于与该字母相对应的那个数。这一简单的道理可能有助于人们编写能实施维热纳尔密码的程序。

在讨论加法密码之后，我们介绍了乘法密码的概念，并且列出了那些可能作为密钥的数。尽管我们并未讲明这张列表是如何得出来的，但可以很直观地检验它的正确性。对于数1、3、5、7、9、11、15、17、19、21、23、25，用其中任何一个数乘以代表字母表中26个字母的数，将得到26个不同的答数。这意味着这些数可以作为乘法密码的加密密钥。相应的解密密钥列在本段下面。尽管仍未说明这些数是怎么计算出来的，但可直接检验出它们是正确的。用代表字母的数先乘以加密密钥，再乘以与之对应的解密密钥，其效果应该使字母保持不变，即等于乘以1。例如我们来检验加密密钥3，其解密密钥是9，那么，我们只须证明 $3 \times 9 = 1 \pmod{26}$ 即可；因为 $3 \times 9 = 27 = 26 + 1$，所以它当然是正确的。

加密密钥	1	3	5	7	9	11	15	17	19	21	23	25
解密密钥	1	9	21	15	3	19	7	23	11	5	17	25

第四章

不可破译的密码？

引言

出于实际考虑，第三章给出的例子都很简单。其中大多数都是很容易被破译的，尽管在它们被设计出来的那个时代情况并非如此。密码分析通常伴随着大量的尝试与错误，随着新的技术进步，特别是计算机的出现，试错过程已变得更为容易了。最明显的一种实施试错攻击的例子，是我们在第二章讨论过的密钥穷举搜索法。假设有一个具有合理长度密钥词——比如说它有 6 个字母——的维热纳尔密码，在 16 世纪要通过手工计算来试验所有可能的密钥，恐怕会令人望而却步。然而，如果我们使用计算机，它每秒钟可以试验 10,000 个六字母密钥词，那么不到一天就可完成全部任务。

在我们从上一章的历史例证转向讨论现代技术之前，有必要来探讨一下不可破译之密码的概念。很多设计者都曾宣称他们的算法是不可破译的，结果往往是一败涂地。我们现在讲两个历史上著名的误信其密码不可破译的例子，一个发生在16世纪，另一个发生在第二次世界大战中。

16世纪时，苏格兰的玛丽（Mary）女王在她的密信中使用了简单代换密码的一个变种密码。这些通信谈到了两个计划:越狱并且暗杀英格兰女王伊丽莎白（Elizabeth），以夺取英格兰王位。这些信被拦截并破译了，成为审判她的罪证。在这些密信中，玛丽与她的同谋者毫不隐晦地讨论他们的计划，因为他们相信别人都看不懂这些信。这个错误的代价是让玛丽断送了性命。

在第二次世界大战期间，德国军队使用一种叫做谜密码机的装备来加密大量重要的或不重要的军事通讯。谜密码机用于加密的机械结构看起来错综复杂，一台初级的谜密码机有多于10^{20}种可能的密钥，甚至超过了某些现代算法。这导致了使用者相信谜密码是不可破译的。然而就如现在广为人知的情况那样，联军在不同的时期都破译过谜密码，部分原因是他们充分利用了敌方在使用过程和密钥管理中的错误。破译工作的中心在布莱奇利公园里，现在那里是博物馆。据估计，在布莱奇利公园进行的工作使二战提前两年结束。

在本章我们将讨论完全保密的概念；在某种意义下，它是我们在加密信息时所期望达到的最好结果。然后，我们来探讨一次填充密码，它是唯一一种不可破译的算法。

完全保密

到目前为止，我们所描述的大致情景是：一个发送者试图将一保密信息发送给预定的接收者，且在此过程中发送者使用了一个密码系统使得所传输的密文在第三方眼里是篇不可识别的电文。然而，即便第三方没能拦截到这次信息传输，但也有可能（尽管大多数情形下这种可能性是极其微小的）他们已经猜到了信息的内容。所以，给信息加密并不能确保第三方无法取得信息的内容，通信者所能指望的最好结果是当第三方设法拦截时，其拦截到的东西不能给他们带来任何有助于了解信息真实内容的情报。换句话说，密码系统应该迫使截获了密文的人仍要去猜测信息的内容。当然，密码系统完全无法阻止攻击者猜测信息。

能够达到上述目标的系统即可被认为提供了**完全保密**。现在我们举一个小例子说明完全保密是可以做到的。

假定 X 先生正准备作出一个将严重影响一家公司股票值的决定。如果他作出的决定是"买"，那么股票就将升值。但如果决定"卖"，则将导致股票暴跌。此外假定公众知道他将传送这两个信息中的一个给他的股票经纪人。很清楚，任何人只要先于经纪人得知了这个决定，那他就有机会利用这个情报，根据决定的内容或是获利或是规避灾难性的损失。自然，无论如何，任何人都可自由地猜测信息的内容并采取相应的行动。他们有 50% 的胜算，但这样的行动与赌博没什么区别。

X 先生希望一作出决定就尽快把他的决定通过公共网络发送出去。为了保护他们的利益，他和他的经纪人约定信息在加密后传送。一种选择是使用简单代换密码，我们已经说过，这对保护短信息来说往往就足够了。但在这个特定的例子中，每个信息因其长度的不同而具有独特性[1]。假定拦截者知道通信使用的密码系统，那么当他得到了密文的长度后，他将对该信息的内容有 100% 的把握，尽管他还不能确定所用的密钥。

另一种选择是使用下述系统，其中两个密钥 k1 和 k2 具有均等的可能性。为了描述完整的算法，我们使用标准的数学符号。对于密钥 k1，明文信息"买"的密文是 0，而"卖"的密文是 1，我们简写为 E_{k1}（买）= 0 和 E_{k1}（卖）= 1。表达式 E_{k1}（买）= 0 应读作"使用密钥 k1 对明文'买'加密的结果是 0"。全部密码是：

密钥 k1：E_{k1}（买）= 0，E_{k1}（卖）= 1

密钥 k2：E_{k2}（买）= 1，E_{k2}（卖）= 0

下列图示是上述密码的等价写法：

	买	卖
密钥 k1	0	1
密钥 k2	1	0

应用这个系统时，比如说拦截者截获了 0 这个信息，那么他能推断出的所有结论就是：如果通信者使用的密钥

[1] "买"（buy）在英语中有 3 个字母，而"卖"（sell）则有 4 个字母，因此用简单代换密码加密后的信息长度是不同的。

是 k2，则该信息为"卖"；如果使用的是 k1，则信息为
"买"。于是，拦截者将被迫去猜通信者到底用的是哪个密
钥，因为这两个密钥被选用的机会均等，他能猜对的概率
是 50%。

注意，实质上在拦截到密文之前，攻击者唯一能做的
就是去猜这个信息。而一旦得到密文，他们能做的仍是去
猜密钥。由于密钥的个数与信息的数目相同，所以前后两
次猜对的机会是相等的。这就是完全保密。在这个特定
的例子中，攻击者猜中信息的机会有 50%，这是很高的
几率了。这样，尽管我们实现了完全保密，但我们并没
有提供额外的保护措施来增加信息保密的可能性。不管
怎么说，这种弱点要归因于信息的数量太小，而不是加
密手段太差。

在真实生活的一些情景中，潜在信息的数量非常
有限，此时信息被猜中的危险大于加密信息被破译的危
险。一个几乎涉及到我们每个人的例子是在**自动柜员机
（ATM）**上使用带身份识别号码的信用卡或借记卡。在此
情景中，使用者都有一个**身份识别号码（PIN）**用以证实
他们拥有这张卡。如果 PIN 要经过某财政机构的中心计

算机的确认，那么从 ATM 到主计算机间的信息传送是有
加密保护的。如果使用者的卡丢了，那么任何捡到卡的人
都可以将它插入 ATM 中，并键入他"猜测的"PIN。大
多数 PIN 是由四个（十进制）数字组成的，所以至多有
10,000 个不同的 PIN。那个捡到卡的人理论上可以不断地
去猜那个 PIN，直到找到正确的为止，这比破译密码要容
易些。何况，对此问题也不存在密码术上的解决方法。认
识到这一事实，大多数系统只允许出现三次输入错误，之
后 ATM 将把卡吞掉。可见，在某些情况下，密码术只能
部分地解决安全问题，为了提高安全性，需要实施特别的
管理决策，上例就是众多例子中的一个。

也许值得注意的是，在我们关于完全保密的简单例子
中，两个集团—知道他们可能需要交换机密信息时，或许
就已作出使用何种密钥的协定。这个协定可能是在他们两
家之一的基地秘密作出的。这些密钥的保密可能会采用物
理手段，比如在使用之前将它们锁在保险箱里。这一做法
的意义在第八章讲述密钥管理时，就变得显而易见了。

尽管上面那个关于完全保密的例子中仅含有两个信
息，但对于任何长度信息的通信，都可以设计出类似的保

密方案。当然，完全保密只能在密钥数量至少与信息数量
一样多的情况下才能实现。

一次填充密码

从我们对完全保密的讨论，可以得出一个重要结论：
完全保密是可以实现的，但对于存在大量潜在信息的系
统，我们需要付出很高的代价对潜在的大量密钥进行管
理。**一次填充密码**是完全保密的密码系统的经典例子。假
设信息是一段舍去了所有标点与空格的英文文本，它包含
n 个字母，那么密钥就是从字母表中随机生成的 n 个字母
的序列，每个密钥仅使用一次以保护单个信息。加密规则
就是在维热纳尔密码中使用的那种，但要用密钥替代后者
的密钥词。如果我们按惯例将 A 到 Z 的字母依次和 0 到
25 的数字相联系，信息记为 m_1、m_2、……、m_n，密钥记
为 k_1、k_2、……、k_n，则密文中第 i 个分量记为：

$$c_i = (m_i + k_i) \bmod 26$$

注意，此时密钥与信息具有相同的长度，这保证了在
加密过程中我们不需要重复密钥。

这个算法有另一种很常见的版本，常被称为**维南密码**，其中所用的字母表是二元的，即只有 0 和 1，密文是信息与密钥两者相加模 2 所得。毫无疑问，维南密码是一次填充密码在数字通信中使用的版本。

由于完全保密是可实现的，谁都不免要问：为什么它没有得到广泛的应用，为什么人们要用那些可能被破译的密码系统。在提示这类问题该如何回答之前，很重要的一点是要记住储存数据的加密与保护通讯的加密并不是一回事。同样重要的是，我们通常集中关注通讯方面，因为其中会涉及更多管理方面的问题。

在定义一次填充密码时，我们只列出了加密算法和加密密钥。解密密钥与加密密钥相同，但解密算法要求从密文中减去密钥字母从而得到明文。通讯系统的工程师们现在面临着一个可能很困难的问题。如何让对方得到这个随机序列？因为这个序列是随机生成的，发信人与收信人"不可能"同时生成同样的密钥。于是他们中的一方必须首先生成一个密钥，然后将其（秘密地）发送给另一方。这时，想要保证密钥的秘密不被泄露，在发送时需要对它加以保护。如果通信者之间只有一条通信链路可用，那他们就需要再使用一个一次填充随机序列去保护这第一个序列。很清楚，这种推理将导致一个不可企及的要求，即要有无穷多的随机序列，其中每一个都用来保护前一个序列从发送方到接收方之间通信的安全。于是，使用一次填充密码的条件是通信者必须有第二种交流信息的安全手段。读者一定记得，完全保密系统的例子中所讲到的 X 先生和他的经纪人之间就有这样一条信道。一般认为，一次填充密码只用于最高层次的安全链路，例如莫斯科－华盛顿热线。在这种情形下，所生成并储存起来的随机序列是通过安全信使送达另一方的。然后随机序列能被储存在受到高度保护的地方，需要时产生，用完后立即销毁。必须认识到，这第二条安全信道既缓慢又昂贵，它不可能用于发送信息，因为此时人们可能需要对方立刻作出回答和反应。

我们已经提到过，在一个安全网络中，密钥配送是个疑难问题，它不仅限于一次填充密码。对第二条安全信道的要求也是很常见的。区别在于，一次填充密码的第二条信道所承载的传输量与信息传输量是相当的，但通常情况下第二信道承载的传输量要少得多。即使有第二条安全链路，一次填充密码仍然不适合包含很多网点的系统，因为每个网点都需要有与其他所有网点关联的安全链路。此时的疑难之点似乎在于掌握已使用过的密钥的信息，也许还涉及对大量密钥资料的管理。完全保密依赖于每个密钥只使用一次。对于一个庞大而频繁使用的网络而言，要管理好它所需要的全部密钥资源几乎是不可能的。

毫不奇怪，虽然一次填充密码展示了一种终极的安全水平，但几乎没有实际的通信网络系统使用。当然，如果有人只因私人之需加密文件并储存起来，那么他们不需要配送任何密钥。在很多储存方案中，唯一的难点就是密钥的存储，因此对于其中的某些方案来说，一次填充密码像其他任何密码一样可行。

第五章

现代算法

引言

在整个第三章，我们一直强调那里列出的例子并不能代表现代实用密码，现代加密算法更趋向于使用二进制数的运算，而不是我们例子中的字母代换。本章将讨论现代算法。因为这些算法比第三章例子中的算法更为复杂，所以我们不会去详细地描述任何具体的例子，而只是集中关注在设计它们时所使用的一般技巧。

比特串 [1]

正如我们刚才强调的，大多数现代密码不涉及字母代换，取而代之的是使用一种编码模式将信息转换为一

1　比特串：指二进制数串。

个二进制数（比特）序列，即 0 和 1 的序列（亦称比特串）。最通用的编码模式大概是美国国家信息交换标准码（ASCII）。然后代表明文的这种比特序列被加密，所得到的密文仍是比特序列。

加密算法可以通过好几种方式作用于比特串。它们很"自然"地分为两类：**流密码**和**分组密码**。流密码要求对序列进行逐位加密，而分组密码要求将序列按预定的大小分成区组。ASCII 要求用 8 个比特表示一个字符，因此若一个分组密码每个区组有 64 个比特，加密算法则同时作用于 8 个字符。

有一点很重要，即同一个比特序列可以写成很多不同的样式。特别是，写成的样式可能取决于序列被分成的区组的大小。

考虑下列 12 比特的序列：1 0 0 1 1 1 0 1 0 1 1 0。如果分成长度为 3 的区组，我们得到：100 111 010 110。任意一个长度为 3 的比特串代表从 0 到 7 的一个整数，这样上述序列就代表 4 7 2 6。要是读者略过了第三章的附录并且不熟悉整数的二进制表示，那么请记住：

000 = 0, 001 = 1, 010 = 2, 011 = 3, 100 = 4, 101 = 5, 110 = 6,

111 = 7.

如果我们将上面同一序列分成长度为 4 的区组，则得
到：1001 1101 0110。因长度为 4 的比特串可表示从 0 到
15 之间的整数，我们得到 9 13 6。一般来说，长度为 n 的
二进制序列可以代表从 0 到 2^n-1 之间的一个整数。所以，
一旦我们商定每个区组的长度为 s，那么一个任意长度
的二进制序列都可以写为从 0 到 2^s-1 之间的整数组成的
序列。

具体的数学细节并不重要。重要的是应注意，同一比
特串根据所选定区组的长度的不同，可以被表示为多种不
同形式的整数序列。还有一点需要记住，那就是当区组的
长度确定后，那些太小的数前面可能需要添加几个 0 以补
足长度。例如整数 5 的二进制表示是 101。但是如果区组
的长度是 6，则 5 应表示为 000101，如果区组长度是 8，
5 应表示为 00000101。

另一种写比特串的通用方法是使用**十六进制表示法**
（**HEX**）。对于十六进制表示法，比特串被分为长度等于 4
的区组，表示方法如下：

0000 = 0　0001 = 1　0010 = 2　0011 = 3

$0100 = 4$ $0101 = 5$ $0110 = 6$ $0111 = 7$

$1000 = 8$ $1001 = 9$ $1010 = A$ $1011 = B$

$1100 = C$ $1101 = D$ $1110 = E$ $1111 = F$

于是，上述序列用十六进制表示为 9 D 6。

因为密码算法是作用于二进制序列的，我们需要熟悉一种常用的将两个比特合并在一起的方法，它被称为互斥"或"运算，常记为 **XOR** 或 ⊕。它与模 2 加法相同，定义如下：$0 \oplus 0 = 0$，$0 \oplus 1 = 1$，$1 \oplus 0 = 1$，$1 \oplus 1 = 0$。这些运算可以用下列表格表示。

	0	1
0	0	1
1	1	0

XOR 或⊕运算表

这种简单的运算给出了将两个长度相同的比特串进行合并的方法。我们可以对处于相同位置的两个二进制数作 XOR 运算。例如我们想计算 $10011 \oplus 11001$ 的值。10011 最左边的比特是 1，11001 最左边的比特也是 1。于是，$10011 \oplus 11001$ 的最左边的比特是对这两个数串最左边的比特作 XOR 运算而得到的，请注意 $10011 \oplus 11001$

最左边的比特是 1 ⊕ 1，结果为 0。继续使用这个方法，

我们有 10011 ⊕ 11001 = 1 ⊕ 1 0 ⊕ 1 0 ⊕ 0 1 ⊕ 0 1 ⊕ 1 =

01010。同样的计算可用下列图表表示。

1	0	0	1	1
1	1	0	0	1

1 ⊕ 1	0 ⊕ 1	0 ⊕ 0	1 ⊕ 0	1 ⊕ 1
0	1	0	1	0

流密码

不同的作者在使用流密码这个术语时含义略有不同。很多人谈论的是以词或以符号为基础的流密码。此时的信息是逐词（或逐符号）进行加密的，其中每个词（或符号）的加密规则由它在信息中的位置决定。第三章讨论的维热纳尔密码和一次填充密码都符合这个定义。也许历史上最有名的例子是著名的谜密码。但是在现代，人们通常使用**流密码**这个术语来指对明文逐比特进行加密的密码，本文也采用这一说法。很明显，对任一特定的比特来说可能发生的情况只有两种，或者是它的值变为另一个值，或者是

它的值保持不变。因为一个比特只能取两个值中的一个，改变一个比特就意味着用另一个值替换它原来的值。进而，当一个比特改变两次时，它就变回了原来的值。

如果一个攻击者知道通信者使用的是流密码，那么他们的任务就是努力鉴别出哪些位置上的比特改变了，并将它改回原来的值。如果存在易被察觉的、可用来鉴别出那些变化了的比特的模式，那么攻击者的任务就变得简单了。所以，变化了的比特的位置不能让攻击者预测出来，但又必须能让真正的接收者容易识别。

对于流密码，我们可以将它的加密过程看作是两种运算——即变化和保持不变——构成的序列。这个序列由加密密钥决定，通常称为**密钥流序列**。为简明起见，我们可以认为写 0 意味着"保持不变"，而 1 意味着"变化"。现在我们处于这样的环境之下：明文、密文和密钥流全是二进制序列。

为了澄清我们的描述，假定明文是 1100101，密钥流为 1000110。那么，因为密钥流中的 1 意味着改变相应位置上明文的比特，所以我们知道明文最左边位置上的 1 必须改变，而下一个比特则保持不变。重复这种论证，我们便得到密文为 0100011。前文中我们已经提到，一个比特改变两次的效果是变回原来的值。这就是说，解密过程与加密过程是一样的，所以密钥流也决定了解密过程。

上面我们所讨论的过程无非是将两个二进制序列"结合"生成第三个二进制序列，在我们这个特定的例子中，它所依据的结合规则即为："如果第二个序列在某个位置是 1，则改变第一个序列在该位置上的比特"。这恰恰是我们在上一节定义的 XOR 或 $\oplus$ 运算。因此，设 P_i、K_i 和 C_i 分别代表明文、密钥流和密文中第 i 个位置上的比特，则密文中的比特 C_i 可由公式 $C_i = P_i \oplus K_i$ 得出。注意，解密由 $P_i = C_i \oplus K_i$ 所定义。

本质上，流密码就是小密钥的维南密码的一个实用的改写版本。一次填充密码存在的问题是，因为密钥流是随机生成的，发送方与接收方不可能同时生成同样的密钥流。于是需要第二条安全通道来配送这个随机密钥，这条通道与通信通道一样繁忙。流密码同样要求一个安全的密钥通道，但其通信量比一次填充密码小很多。

流密码可以用一个短密钥来生成一个长密钥流。这是利用二进制序列的生成程序实现的。注意，在第三章讨论维热纳尔密码时，我们介绍了利用生成程序从一个短字母密钥产生一个长字母密钥流的概念。但在那个例子中，生成过程很粗糙，因为它只取一个密钥词并加以重复。在实用的流密码中，密钥流的生成程序要复杂得多。上面我们之所以关注密钥流中处于位置 i 上的比特，是因为 $K_i = P_i \oplus C_i$ 可以由明文与密文中处于位置 i 上的比特经 XOR 运算来确定。它突显了流密码的一个潜在弱点：任何有能力进行已知明文攻击的人，都能够从明文与密文相对应的比特中推论出部分密钥流。于是，流密码使用者必须防止攻击者能推论出部分密钥流的攻击。换句话说，密钥流序列必须在下述意义下是无法预测的：攻击者不能根据已知的部分密钥流推论出该密钥流的其余部分。例如，一个密钥长度仅为 4 的维热纳尔密码，通过每隔 4 个字母重复而产生一个密钥流。然而，在设计密钥流的生成程序时，对于一个适当选取的 4 比特的密钥而言，可以使其每 15 个比特重复一次。为了做到这一点，我们从任一长度为 4 的密钥开始，但 0000 除外。那么，一个生成过程是这样的：序列中的每个比特由它前面的 4 个比特中的第一个与最后一个作 XOR 运算而得。如果我们从 1111 开始，这个序列便是 111101011001000，然后再不断地重复这个序列。事实上，可以直接从一个长度为 n 的密钥产生出一个直到第 2^n-1 个比特才开始重复的密钥流。

设计一个出色的密钥流生成程序是很困难的，要求用到一些高等数学知识。此外，需要严密的统计检验，以确保生成程序导出的结果尽可能地像一个真的随机序列。尽管如此，流密码在若干应用领域中仍是最适用的密码类型。一个理由是，若接收的密文错了一个比特，则解密时也只有一个比特是错的，因为每个明文比特仅由一个密文比特确定。对于分组密码，情况就不同了，如果接收的密文错了一个比特，则会导致整个区组的解密失真。当密文在一个嘈杂的信道中传送时，解密算法必须能消除这类"出错传播"；因此，人们用流密码对数字化语音进行加密，诸如在 GSM 移动电话网络中那样。流密码优于分组密码的另一些特点是操作速度快而且简单。

分组密码（ECB 模式）

在使用**分组密码**时，比特串被分为一定长度的区组，加密算法作用于区组并产生密文区组。对于大多数对称密码而言，密文区组与原来的区组长度相同。

分组密码有很多实际用途。它们可以用来提供机密性、数据完整性或用户认证，甚至可以用来为流密码提供密钥流生成程序。和流密码一样，人们很难对它们的安全性作出准确评价。正如我们已看到的，密钥的数量决定了算法的加密强度的上界。然而，就像简单代换密码所表明的那样，大量的密钥并不能保证它的强度。对于一个对称算法来说，若密钥穷举搜索法成为其最简单的攻击形式，那么该算法可以说**设计得很好**。当然，即便一个算法设计得很好，但如果密钥数目太少，也容易被破译。

设计强大的加密算法是一种专业性很强的技巧。当然，强分组密码还是具有若干明显的、同时也很容易解释的性质。如果一个攻击者已经得到一个已知明文与密文的对应，但不知其密钥，那么攻击者应该并不能由此轻易地推论出对应于任一其他明文区组的密文。例如，若一个算法以一种已知的方法改变明文区组时，密文的变化是可预计的，此时的算法就不具备上述那种性质。这是要求分组密码满足**扩散性**的理由之一。所谓扩散性是指：明文中的微小变化，比如一两个位置上的变化，将引起密文出现无法预计的改变。

我们已经讨论了密钥穷举搜索法所带来的威胁。在这种搜索过程中，攻击者可能会试到一个只是在少数几个位置上与正确的值不同的密钥。例如，若攻击者发现了某种迹象表明他尝试的密钥仅在一个位置上与正确的密钥不一致，那么，攻击者可能停止他的搜索并转而只对这个特定的错误密钥的每个位置挨个作变动。这样可以大大减少找出正确密钥所需的时间。这是另一个需要避免的缺陷。所以，分组密码又需要满足**含混性**。从本质上讲，含混性是指：攻击者在实施密钥穷举搜索的过程中无法得到任何有关正在"接近"正确密钥的提示。

在讨论如何攻击简单代换密码时，我们介绍了一个逐步构造出密钥的攻击方法：首先找出字母 **E** 的代换者，然后找 **T** 的代换者，以此类推。如果攻击者能够独立于其他部分而确定出部分密钥，则我们称他们实施的是分而胜之的攻击。为了防止这种情况出现，我们需要分组密码具有**完备性**，这意味着密文的每一个比特都必须依赖于密钥的每一个比特。

统计检验是评价分组密码是否具有上述三种性质和其他性质的基本要素。所以，在对所有的对称密码的性能进行分析时，统计检验都是必不可少的。

分组密码用于长信息的加密时，最简单而且也许是最自然的途径是将二进制序列分为适当大小的区组，然后逐个独立地加密每个区组。出现这种情形时，我们说我们使用的是**电子码本**模式，或称 **ECB** 模式。当我们选定一个密钥并使用 ECB 模式时，相同的信息区组会产出相同的密文区组。这意味着攻击者一旦得到一对互相对应的明文与密文区组时，他们就能通过寻找相应的密文比特而确定原信息中所有类似明文区组。由此，对于他们来说编出一本已知密文与明文的对应区组的字典是很有价值的。此外，要是存在一些占主导地位的信息区组，那么它们定会引出同样占主导地位的密文区组。这可能招致我们在介绍简单代换密码时讲过的那种基于频率分析的攻击。这是激发我们采用长度较长的区组的动力之一，诸如使用有 64 个比特的区组，它通常对应 8 个字符。使用 ECB 还存在另一种隐患，下面我们用例子来说明。

假定一种未知的分组密码和未知的密钥被用来加密 "*The price is four thousand pounds*"（价格为四千英镑）这一信息。我们只知道每个信息区组由两个字母组成，标点、空格等都省略，密文是：

$$c_1, c_2, c_3, c_4, c_5, c_6, c_7, c_8, c_9, c_{10}, c_{11}, c_{12}, c_{13}, c_{14}$$

假设一个攻击者知道了这条信息，他们已想办法掌握了 c_1 代表 Th、c_2 代表 ep，等等。于是，他们可以巧妙地处理密文，使得只有 $c_1, c_2, c_3, c_4, c_5, c_6, c_7, c_{12}, c_{13}, c_{14}$ 可以被收到。真正的接收者使用正确的密钥和解密算法将收到的密文译出得到："The price is four pounds"（价格为四英

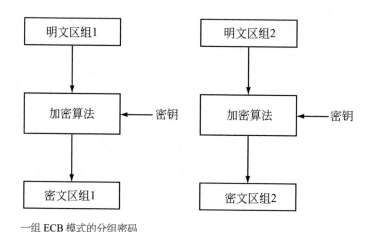

一组 ECB 模式的分组密码

镑）。因为解密奏效并得到了有意义的信息，接收者没有理由怀疑密文已被处理过，并以为这个价格是正确无误的。

使用 ECB 模式的分组密码所带来的这些潜在危险，可以通过重新安排每个区组的加密而得以消除，办法是让每个区组的加密依赖于所有位于它前面的信息区组。如能做到这一点，那么相同的信息区组几乎必定会引出全然不同的密文区组。这样一来，经过第三方处理过的密文，在解密后将不大可能得出有意义的信息。实现这一点有两种标准手法。一种叫**密码反馈（CFB）**模式，另一种叫**密码分组链接（CBC）**模式，后面我们会讨论这两种模式。

为了解释在 ECB 模式中是如何使用分组密码的，我们举一个小例子来加以说明。出于举例需要，我们这里所用的算法都是比较弱的。在我们的例子中，明文区组、密文区组和密钥都由 4 个比特组成，我们用十六进制表示法描述它们。对任一给定的密钥 K，密文区组 C 对应于明文区组 M，C 是由 M 与 K 作 XOR 运算后再将 M $\oplus$ K 所得比特向左移转一个位置而得的。

我们来加密明文比特串 10100010001110101001，当

密钥 K = B（即 1011）时，使用十六进制表示法则密文变

成 A23A9，具体过程如下：

记住我们使用的是十六进制表示法，第一个区组 M =

1010，K = 1011，于是 M ⊕ K = 0001。它移转后密文区组

变成 0010，是十六进制中的 2。

类似地，第二区组 M = 2，K = B，即 M = 0010，K =

1011，所以 M ⊕ K = 1001。如果将 1001 移转，则此密文

区组在十六进制中就是 3。

重复这类计算，我们看到如果信息是 A23A9，以 ECB

模式使用我们的密码且密钥 K = B，则密文为 23124。

对此，一个明显的现象是重复的信息区组会引出重复

的密文区组。

散列函数

到目前为止，我们一直集中关注能够用来提供机密性

的加密算法。这些算法有一个最基本的特点，即它们都具

有可逆性：知道了适当的密钥必定可以从密文重构出明文

信息。然而，在很多例子中，虽然使用了密码术，但不需

要从密文推论出原始"信息"。事实上，可能存在一些明确要求不可逆的情况。一个例子是计算机系统的口令保护问题。使用者被告诫应该对其口令保密，于是我们可以合理地假定，该系统也在力求确保这种机密性。一旦口令出现在系统中，特别是出现在用于验证的数据库中时，它们必须得到保护。然而这时系统通常只要求核实输入的口令是否正确，而不需要从存储值中导出口令。

此外在很多密码术的例子中，需要将长信息压缩成短比特串（比原信息的长度短许多）。当出现这样的需求时，不可避免地会发生如下情况：不止一个信息会被压缩为同一个短比特串，这自然就意味着这个过程不可逆。这种效应被称为**散列函数**，在不同的应用领域，它们有些会使用密钥，有些则不然。

散列函数的基本意思是，作为散列函数结果的散列值是对信息的压缩表示映射。散列值有好几种称法，包括**数字指纹**、**信息摘要**，或（毫不奇怪）就叫**散列**。散列的应用领域很广，包括保证数据的完整性，以及作为数字签名过程的组成部分。

一般来说，散列函数接受任意长度的输入，但只产生固定长度的输出。如果两个输入产生了同样的输出，我们就说出现了**冲突**。正如我们已提到的，冲突的存在是不可避免的。因此，如果我们想通过数字指纹鉴定出唯一的信息，就必须小心选取散列函数，以确保冲突即使存在也不可能被发现。这给我们的启示之一是：潜在指纹值的数量必须很大。我们用一个极小的例子来说明原因。如果我们只有 8 个可能的指纹值，那么任意两个信息具有同一指纹值的几率为 12.5%。此外，任何包含 9 个或 9 个以上信息的集合，其中必定至少包含一个冲突。

公开密钥系统

我们迄今仅考虑了对称算法，其中发送者与接收者共享一个密钥。这当然表明两个参与者之间相互信任。在 20 世纪 70 年代后期之前，对称算法是仅有的可以应用的算法。

公开密钥的密码系统的基本思想是，每个实体有一个**公开密钥**（简称公钥）和一个与之相对应的**私人密钥**（简称私钥）。选取这些密钥是为了使攻击者无法从公钥推断出私钥。任何人想使用这个系统发送一条机密信息给某人，都要先得到后者的公钥，并使用它来加密信息。当然，他们需要确定自己使用的正是收信人的公钥；要是用错了，那么与发信者所使用的公钥相对应的私钥的所有者，就能读懂所发出的加密信息了，而预定的收信人却无法读懂。所以尽管我们无须秘密地配送这些公钥，但所有公钥都需要加以保护，以确保其真实性。还要注意，当使用公钥系统来提供保密性时，由于加密用的公钥是广为人知的，谁都可以使用它，所以密文并不能提供任何有关发信人真实身份的信息。

对于公钥系统而言，算法和加密密钥都是公开的。于是，攻击者面临的任务是从密文推断出信息，而密文是用该攻击者完全了解的方法得出的。显然，发信人需要十分小心地选择加密的操作过程，以增加攻击者破译的难度。但是一定不要忘记，发信人还应确保真正的收信人能够容易地进行解密。因此，加密过程的选取应使知道解密密钥的人能够方便地从密文中得出信息。

这是一个难以理解又不直观的概念。人们常常会问："如果每个人都知道我是如何加密的，为什么他们不能推导出我的信息呢？"下面这个不涉及数学的例子将对提问者很有帮助。

假定你在一间封闭的屋子里，没有电话，只有一本纸质的伦敦电话号码簿。如果有人告诉你一个名字和地址，问你此人的电话号码，那你很容易找到答案。但是假设给你一个随机选取的电话号码，而问你其拥有者的名字和地址，这就是一项艰巨的任务了。并不是因为你不知道该怎么做。理论上，你可以从第一页开始查所有的号码，直到找到所需的那一个。困难在于极其巨大的工作量。如果我们将"名字和地址"看作信息，"电话号码"看作密文，"找号码"看作加密过程，那么就伦敦电话号码簿而言，我们达到了保密的目的。在这里必须注意的是，如果同样的过程用于较薄的电话簿，攻击者就能逆向查出信息。我们也不可能精确地认定到底人数需要达到多少才能有把握地宣称达到了保密目的。伦敦电话簿中有超过 750,000 个人名，我们可以很高兴地断言 750,000 在本文设定的场景中是个大数目。对于一个仅有 100 部电话分机的办公单位，逆向查电话簿大概还是容易的，但如果数目增加到 5,000 又如何呢？

自然，有一些组织——比如急救中心——能够查出任何一个电话号码的拥有者。他们有按数字顺序编排的电话簿。这里又要注意，我们无法阻止别人依据数字的次序编造他们自己的电话号码簿。巨大的工作量才是确保在我们定义的条件下不让攻击者取得成功的法宝。当然了，不管是谁，如果拥有电子版的电话簿，其工作将会变得更为简单。

最实用的公钥算法是分组密码，它将信息看成是大整数的一个序列，其安全性依赖于解出某个特定的数学问题的难度。其中最著名的一个是 1978 年由罗恩·里弗斯特（Ron Rivest）、阿迪·沙米尔（Adi Shamir）和莱恩·阿德尔曼（Len Adleman）发明的，现称 RSA。在 RSA 中，相关的数学问题是因子分解。此时有一个公开的数 N，它是两个素数的乘积，但这两个素数的值是保密的。这些素数极为重要，因为任何人只要知道了它们的值就可以从公钥计算出相应的私钥。因此，确定信息区组大小的数 N 必须足够大，以使得攻击者无法推演出这些素数，即攻击者不能完成对 N 的因子分解。显然，如果 N 不大，任何人都可确定这两个素数。来看一个极简单的小例子，取 N =

15，此时的两个素数是 3 和 5。但是，人们相信，对于足够大的 N，想要确定这些素数是无法办到的。我们将在第七章讨论多位数的因子分解的困难。现在，我们只须注意数 N 同时决定了区组和密钥的大小。

这意味着此时的密钥和区组的大小比对称密码的要大很多。在对称密码中，典型的区组大小是 64 或 128 比特，而在 RSA 中，它们的大小很可能至少是 640 比特，而 1,024 和 2,048 比特的区组也不鲜见。另一个后果是加密和解密过程包含大量涉及多位数的计算，这意味着它们比大多数对称算法要慢一些。所以，它们的主要用途不是对大量数据进行加密，更多的是用于数字签名，或是为对称算法的密钥的安全配送和贮存而对其进行加密。

另一种广泛使用的公钥密码算法是知名的贾迈勒算法[1]，它是美国**数字签名标准（DSS）**的基础。对贾迈勒算法而言，其密钥的大小与 RSA 大致相当，但它的安全性依赖于另一数学问题的难度，该数学问题即为离散对数问题。然而贾迈勒算法具有的某些性质使它不太适合用于

---

1 El Gamal 是埃及科学家，全名 Tahar El Gamal，可译为"塔赫尔·贾迈勒"。此处提到的算法即以他的名字命名，故译为"贾迈勒算法"。

加密。

公钥密码术的基本原则和标准技巧，是在 20 世纪 70 年代早期由在英国政府的通信电子安全组（CESG）中工作的詹姆斯·埃利斯（James Ellis）、克利福德·科克斯（Clifford Cocks）和马尔科姆·威廉森（Malcolm Williamson）所开发的。但是它在长达 20 多年的时间里一直被列为机密资料，在最初的公钥密码术论文出现多年以后才得以公开，在那段时间里，非对称密码技术得到了长足的发展。

第六章

实际安全性

引言

"强加密"是个被广泛使用的术语，但不同的人对它有不同的理解，这一点毫不奇怪。颇具代表性的是，人们常把它理解为"不可破译的加密"，这种看法具有更多的主观性。

多年以来，人们就知道一次填充密码是唯一一种本质上不可破译的密码。克劳德·香农（Claude Shannon）在1948和1949年发表的两篇学术报告中证明了这个论断。这两篇报告是现代包括密码学在内的通信理论的基础。可以说香农的贡献意义巨大，给予多高的评价都不为过。

我们已经看到，对大多数实用系统而言，使用一次填充密码并不可行。因此，大多数系统都使用了理论上可以破译的算法。当然，这并不意味着它们一定不安全。例如，如果对这类算法的所有理论上可能的攻击实施起来都太难，那么使用者就可以认为这类算法事实上是不可破译的。即便情况不是这样，在某些特定的应用中，很可能破译算法所需的资源大大超过了攻击者从破译中获得的潜在收益的价值。对于这种特定的应用情况，该算法仍能被看作是"足够安全"的。例如，假设某人要利用加密手段对某些资料实施保密，那么他必须尝试对这些资料的价值作出评估。这个过程可能并不简单。资料的价值可能不是金钱上的，而纯属个人隐私。这些无法给出定量价值评估的资料有很多显而易见的例子，比如医疗记录或其他个人详细资料。对于哪些人希望得到这些资料及其理由，也必须作出某种评估。其他需要考虑的重要因素有：这些资料需要保密的时间，还有花费、有效性、使用算法的便利性等。

当把密码术整合到某个安全解决方案中时，存在两种似乎互相冲突的选取加密算法的思路：

- 使用能提供足够保护的、安全水平最低的加密算法；
- 使用实施条件所允许的、安全水平最高的加密算法。

很清楚，对于实施者来说，很重要的一点是对算法所能提供的安全水平有很好的认识。这就是本章后面几节要讨论的内容。讨论将主要关注对称算法的密钥穷举搜索法，以及针对公钥系统所用的数学方法的攻击。当然，正如我们已经强调过的，密钥穷举搜索的时间只是给出了算法强度的上限，可能还存在其他更容易实施的攻击法。然而，我们相信算法设计已足够先进，出现了大量设计精良的加密算法，使得密钥穷举搜索法代表了最简单的攻击方式。此外，这些算法操作起来很可能还非常快。

过去，实施条件的限制常常迫使用户采纳他们能够使用的最低安全水平的措施。当先进技术赶超在前，能破译他们的密码系统时，常常带来灾难性的后果。

现实的安全性

香农曾证明：本质上说，一次填充密码是唯一的完全安全的密码系统。所以我们知道至少在理论上，大多数实际的系统都是可以破译的。这并非意味着大多数实际系统都毫无用处。一个（理论上可以破译的）密码系统也是具有实用性的，只要使用者确信攻击者不会在所涉项目的掩蔽时间内成功破译该系统即可。

我们讨论过的密钥穷举搜索法是一种基本的攻击形式。在断定一个系统是否适用于某个特定的项目之前，预期密钥穷举搜索所需的时间要比掩蔽时间长得多，这是该系统必须迈过的一道"坎儿"。当然，我们已经知道，具有大量的密钥还不能保证系统的安全；因此，这个要求只能算是判断系统可否被接受的许多检验中的第一个标准。无论如何，如果连这第一步都不能通过，那很清楚该算法是不能用的。所以我们对密码系统的第一步"检验"就是尝试确定密钥穷举搜索所需时间是否足够长，换句话说，就是密钥的数量是否足够多。

为此，设计师需要对攻击者的可用资源和能力作一些假设。他们的首要任务是估计攻击者每试算一个密钥所需的时间。很清楚，这个时间与攻击者使用的是硬件还是软件有关。如果是硬件攻击，攻击者可能会使用特意建造的设备。若对这个时间估计过低，将会导致不安全性，而过高的估计又会使安全系统的花费大大超出实际所需。

幸运的攻击者在尝试密钥穷举搜索法时，可能第一次猜测就试出了密钥。使系统具有大量密钥的作用之一就是减少这种情况出现的概率。另一种极端是，一个倒霉透顶的攻击者一直试到最后一个才找出密钥。实际情形往往是，攻击者并不需要进行全部搜索就能找到密钥。用密钥搜索法找到密钥的预期时间大约接近于完成全部穷举搜索所需时间的一半。

有一点也许值得一提。假如攻击者有足够的资料，那么他们可能会很确信只有一个密钥能把所有已知明文转变为正确的密文。然而在很多情况下，穷举搜索全部完成后也不能确认出唯一正确的密钥，而只是缩小了正确密钥候选者的范围，此时需要更多的资料来作进一步的搜索。

一旦密钥的数目确定下来，密钥穷举搜索所需的时间就可给出安全水平的上界。在很多情形下，设计者的主要目的是努力确保其他类型的攻击成功的预期时间要超过这个上界。这绝不是一项容易的任务。我们已经指出过，时间是评估攻击能否成功的正确度量值。然而进行任何计算所需的时间还依赖于各种变数，诸如攻击者的工作效率、技术及数学能力等。工作效率与攻击者所能支配的财力相关，反过来，这种财力支持在很大程度上又随着攻击成功所能取得的预期利润不同而变化。此外，在某些环境中，像能否有效利用计算机存储装置等其他因素，对攻击者来说也都是十分重要的。考虑到上述种种因素，我们仍然可以肯定地说：如此复杂的判断方式，确实是判定一个给定的系统对某种特定的应用来说是否足够安全的标准手段。

实际的密钥穷举搜索

虽然我们不想引入任何复杂的计算，但也许告诉读者某些事实是有价值的，它们可以让我们对某些情况下密钥的数目有一些"感性"认识。很明显，任何一位商业应用系统的设计者，都会希望他设计的系统在（至少）几年内应是安全的，因此他必须考虑技术进步的影响。这经常要借助于一条相当粗略的经验法则的帮助，该法则就是**摩尔定律**[1]，它认为在成本不变的情况下，计算能力每 18 个月增长一倍。

为了对密钥数目大小有感性认识，我们来注意以下事

1　摩尔定律（Moore's law），又译"莫尔定律"。

实：一年有 31,536,000 秒，它大约在 2^{24} 与 2^{25} 之间。如果有人能够每秒钟试算一个密钥，那么他一年可搜索 2^{25} 个密钥。如果他有一台计算机能够每秒试算 100 万个密钥，那么搜索 2^{25} 个密钥所需要的时间大大少于一分钟。这是一个巨大的变化，虽然看起来十分简单，但它标志着计算机的问世已经影响到系统安全所需的密钥数。在讨论密码算法时，一些作者关注密钥本身的大小，另一些作者关注密钥的数量。我们回忆一下，长度为 s 的信息有 2^s 个比特模式，它意味着，如果每个可能的比特模式都代表一个密钥，那么说一个系统有 s 比特长的密钥，等价于说它有 2^s 个密钥。还要注意，如果每一可能的比特模式代表一个密钥，只要在密钥长度上额外加一个比特，其效果则是密钥个数的加倍。

最著名的对称分组密码是**数据加密标准（DES）**。它发布于 1976 年，在金融部门得到了广泛的应用。DES 有 2^{56} 个密钥，自它首次面世以来，有关它的加密水平是否足够"强"的问题，人们一直争论不休。在 1998 年，一个名叫电子前沿基金会（EFF）的组织设计并制造了一块专用硬件，用于对 DES 密钥进行穷举搜索，总造价约达

250,000 美元，它大概能用 5 天左右的时间找出一个密钥。尽管 EFF 没有宣称他们已优化了自己的设计，但该设计已被认为是提供了评价目前这项技术所处状态的标准。粗略地说，就是花 250,000 美元就能够建造一台机器，它能在一周左右的时间内对 2^{56} 个密钥搜索一遍。由上述事实我们可以推断：通过增加成本或增加密钥数目，并考虑到像摩尔定律那样的影响之后，我们可以在指定花费的条件下，非常粗略地估算出在不久的将来任一时期搜索指定数目的密钥所需的时间。

除了专用硬件之外，现在已经有了其他一些众所周知的穷举搜索的尝试，典型的做法是把基于开放网络的密钥搜索的计算能力累加起来。最有意义的大概要属 1999 年 1 月所完成的一次搜索。它将 EFF 的硬件和互联网上的协作结合起来，参与搜索的有 100,000 台计算机，用不到一天的时间就找出了 56 比特的 DES 密钥。

我们之所以关注 DES 的密钥搜索，是因为 DES 是一种受到高度重视的算法。在 20 世纪 70 年代中期刚设计出来时，它被认为是很强的。现在，虽只过了 25 年，但 DES 的密钥可以在不到一天的时间内被找出来。值得注意的是，无论是现在的 DES 用户还是 DES 的设计者都未对近期搜索 DES 密钥的成功表示惊讶；设计者早就告诫说（1976 年），它只能用 15 年。大多数 DES 的近期用户现在使用的是称为三重 DES 的算法，其中的密钥是两个或是三个 DES 密钥（即其长度为 112 或 168 比特）。三重 DES 如下图所示，用两个 DES 密钥 k_1 和 k_2 来加密，其中 E 和 D 分别表示加密和解密。

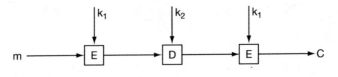

有两个密钥的三重 DES

为了见识在密钥上额外添加 8 个比特后的戏剧性效果，我们看一下在 1998 年初开始的一个对所谓 RC5 算法的 64 比特密钥进行的联网搜索。经过超过 1,250 天对大约占潜在密钥总量 44% 的密钥的试算，还没有找出那个正确的密钥。

2001 年，美国国家标准与技术研究所（NIST）公布了一个新的加密算法，"可用于保护电子数据资料"。它被称为**高级加密标准（AES）**，是从 NIST 所征集的几个

算法中选出来的。征集的要求是让对称分组密码能使用
128、192 和 256 比特去加密和解密区组大小为 128 比特
的数据。被选出的这个算法定名为 Rijndael，是由两个比
利时人琼·达曼（Joan Daemen）和文森特·赖伊曼（Vincent
Rijmen）设计的。因为 AES 使用的最小密钥长度是 128
比特，它似乎足以抵御基于现有技术的密钥穷举搜索法。

　　我们已经提到过依据摩尔定律可以对现有技术在今后
若干年内的进步给出粗略的估计。但摩尔定律并未考虑到
革命性的新技术可能产生的巨大影响。量子计算就属于这
类新技术。量子计算利用量子态进行演算，它允许采用平
行计算的方式。目前科学家仅制造出很小的量子计算机，
因此从本质上说，它还仅是一个理论概念。然而，一旦量
子计算机变成现实，形势将发生巨变。现在世界各地都投
入了可观的资金，支持量子计算可行性的研究。如果足够
精微的量子计算机能制造成功，它将显著地提高密钥穷举
搜索的速度。粗略估计它能在给定时间内搜索长度比现在
增加一倍的密钥。因此，粗略地说，量子计算机搜索 2^{128}
个密钥就像现在搜索 2^{64} 个密钥一样快。

　　研究者对建造量子计算机的可能性持谨慎态度。无

论如何，该领域存在着一些乐观的情绪，我们不应忽略其成功的可能性。

对公钥密码系统的攻击

非对称算法的密钥比对称算法的要长。然而，这并不意味着非对称算法就一定比对称算法更强一些。攻击非对称密码，一般不用密钥穷举搜索法。比较容易的办法是去攻击其中所使用的数学问题。例如对 RSA，设法找出模 N 的因子要比对所有可能的解密密钥进行密钥穷举搜索更容易一些。

为了说明最近的数学进步是如何影响了公钥密码术的应用，我们来关注 RSA 和因子分解。其他公钥系统的情况也类似，只是各自依赖的数学问题不同。

因子分解技术在过去 30 年间有了惊人的进步。这归功于理论和技术两方面的进步。在 1970 年，一个 39 位数（$2^{128} + 1$）被分解为两个素因子的乘积。这在当时被认为是一个重大的成就。1978 年 RSA 首次发表时，论文中提出了分解一个 129 位数作为挑战性的问题，奖金为 100

美元。在这之后出现了一系列这样的挑战。这个数直到
1994 年才被因子分解成功，而且分解过程中利用了世界
范围的计算机网络。

除了摩尔定律，在数学上改进因子分解技术的可能
性，也是确定 RSA 密钥大小所必须考虑的一个因素。我
们来看看被称为**一般数域筛法（GNFS）**的数学革新所引
起的巨大影响，该方法发表于 1993 年。使用以前所知算
法分解给定大小的数所耗费的资源，若用于新方法中可以
分解大得多的数。例如，分解 150 位数这一等级的数所需
的资源，现在可以用来分解接近 180 位的数。这个数学方
面的进展比人们对纯粹的技术进步的预想领先了好几年。

1999 年，有 155 位的挑战性数字 RSA-512 的因子分
解就是用这种技术完成的。这次因子分解费时不到 8 个
月，而且又一次利用了世界各地的计算机联网作业。这个
数学问题复杂性的一个表现就是在工作的最后阶段要解方
程数超过 600 万的联立方程组。在它之后，《码书》中又
提出了一个挑战，要求分解一个 512 比特的模。这些因子
分解意义重大，因为这样大小（155 位的数，或 512 比特
的数）的模是几年前公钥密码术中常用的。

对于 RSA 算法，现在一般推荐使用从 640 到 2,048 比特的模，具体采用多大的模依安全性要求的强弱而定。一个 2,048 比特的数在十进制数系中有 617 位。为了显示这个数有多大，我们列出有 617 位的 RSA 挑战性数字。第一个能成功分解它的团队将获得荣誉和 200,000 美元的奖金。

25195908475657893494027183240048398571429282126204

03202777713783604366202070759555626401852588078440

69182906412495150821892985591491761845028084891200

72844992687392807287776735971418347270261896375014

97182469116507761337985909570009733045974880842840

17974291006424586918171951187461215151726546322822

16869987549182422433637259085141865462043576798423

38718477444792073993423658482382428119816381501067

48104516603773060562016196762561338441436038339044

14952634432190114657544454178424020924616515723350

77870774981712577246796292638635637328991215483143

81678998850404453640235273819513786365643912120103

97122822120720357

在讨论密钥穷举搜索时，我们提到过量子计算机的潜在影响。虽然它会引起对称密钥长度的极大增加，但毫无疑问的是密码界会适应它的存在，并能继续安全地使用对称算法。但对公钥密码而言就未必如此了。量子计算对公钥系统来说是个更为严重的威胁，例如因子分解会变得非常容易。幸运的是，即使是最乐观的量子计算的狂热派，他们也预言至少 20 年内不会出现大型的量子计算机。

第七章

密码术的用途

引言

到目前为止，我们一直假定密码算法是用来保障机密性的。但是，它还有很多其他用途。不论何时，当我们使用密码术时，检验它是否帮助我们达到了预期的目标很重要。下面我们举一个例子来说明对密码术的一种可能的误用。

1983 年，美国米高梅影片公司（MGM）制作了一部叫做《战争游戏》的影片，它曾风靡一时，影片强调了电脑黑客行为的危险性。该电影的一个剧情概要说"人类的命运掌握在一个十几岁的孩子手中，他在玩电脑时不经意地闯入了国防部的战术计算机"。影片开场时，这个男孩非法进入他所在大学的计算机系统，并窜改了他女朋友的分数。当时，很多大学将考试成绩存在可以远程访问的数据库中。毫不奇怪，这些学校担心这些成绩可能会像影片中所描述的那样被越权者改动，因此想要引入适当的保护机制。

有人提议给每个学生的分数加密。然而这实际上是达不到保密目的的，探究其中的原因既重要，又很有趣。不难看出给分数加密可以达到什么样的效果。结果是，不管是谁进入数据库后都看不到任何一名学生的分数，看到的只是每个名字后面毫无意义的数据。很不幸，这种办法并不一定能防止电脑黑客将分数改高。如果一名黑客考试不及格，但他刚好知道有一名学生得了好分数，那么他只须把自己名下那个无意义的数据改成跟那名同学一样即可。当然，如果他不知道那名同学的准确分数，那他也就不知道自己改动后的新分数。但无论如何，他知道现在他是及格了。使用加密而达不到用户目的的情况很多，上面只是其中一例。加密并不能解决人们遇到的所有问题。还要注意，在这个特定的例子中，加密算法并没有被破译，实际上它根本没有受到攻击。之所以发生这种事情，是由于用户未能正确地分析问题。

名字	加密分数
优秀生	13AE57B8
差生	2AB4017E

→

名字	加密分数
优秀生	13AE57B8
差生	13AE57B8

或更过分地改为

名字	加密分数
优秀生	2AB4017E
差生	13AE57B8

现在假定，大学不是只对分数加密，而是对整个数据库加密，这是否能达到防止黑客窜改分数的目的呢？在这个例子中，给整个数据库加密就意味着整个文件对黑客来说都是无法识别的。然而，即便如此也不能阻止黑客窜改分数。例如，假设文件的每一行代表一名学生的姓名和分数，如果全班学生姓名是按字母顺序排列的，那么在上一段讨论过的那种攻击仍可能发生。

在我们关注如何使用密码术来保护存储的信息以防别人动手脚之前，我们先花一点时间考虑如下问题：若某个人能够窜改保存在一个特定数据库里的分数，是否真有严重后果？当然，确保每名学生分数的真实性是很重要的。不过，要是被窜改了的数据库不是唯一的可供查阅分数的地方，那么这名黑客学生极有可能无法从窜改那个特定记录中的分数中得到任何好处。关键之处也许在于，应该设立某种机制，使其能够警告所有授权用户，提醒他们分数已被窜改。因此，倘若任何窜改都能被查出来，那么预防窜改也许就不是生死攸关的事了。接到警告的授权用户就不会仅依赖于该数据库而是去查阅权威记录了。在很多情况下，查出越权窜改比预防窜改更有必要。

密码术被普遍用来监测越权者对文件的变更。事实上，至少在商界，提供机密性已不再是密码术的主要用途。除了传统的用于保护隐私外，密码术现在还用于确保：

- **数据完整性**：保证信息不被未经授权的或来历不明的手段所窜改；

- **实体认证**：确认实体的身份；

- **数据源认证**：确认信息的来源；

- **不可否认性**：防止（通常是发信人）对信息内容和（或）发信人身份的否认。

自然，也可采用一些标准的（非密码术的）方法来防止数据遭受意外的损坏，例如，可以利用奇偶校验或更高级的纠错码。然而，由于这些方法只适用于公开的信息，如果要保护数据不受到蓄意的窜改，这些技巧就未必够用了。任何一个蓄意窜改信息的人都会把改变后的信息加以适当编码，以使窜改的内容无人察觉。因此，为了阻止蓄意窜改，必须使用某些仅为发信者和（可能的）收信者所知道的值，比如密码密钥。

使用对称算法的保密

我们已经认识到，如果使用分组密码以 ECB 模式加密数据，会出现一些安全隐患。一种可能的隐患是，某人掌握了对应的密文与明文区组后，可以巧妙处理密文区组来构作一篇新的密文，并使其在解密后呈现为有意义的信息。收信人将无法察觉其中的变化。我们在前文已经看到过这种行为的一个小例子。然而，这里要强调的是**有意义**这个词。如果按 ECB 模式使用分组密码，那么很清楚，解密算法可以按任意次序作用于密文区组，同时有可能单独破译每一个区组而得到潜在的信息。然而，最后得到的被破译的资料不太可能形成一个前后连贯的、可以理解的信息。虽然不能忽视这种攻击存在的可能性，但其成功的机会很小。

使用 ECB 模式的更严重缺陷是，攻击者针对一个固定的密钥，可能会编制一本已知明文区组与密文区组相对应的词典，而且 ECB 模式容易受到基于明文所用语言的统计特性所进行的攻击。这类攻击的"典型"例子是第三章中演示的对简单代换密码的攻击。

易受上述两种攻击的原因在于这些区组的加密都是相互独立进行的。所以，对于某个固定的密钥，相同的明文区组会导出相同的密文区组。克服这个缺点的一个办法是，让每个密文区组不仅随对应的明文区组而定，而且还取决于它在整篇文章中的位置。这就是维热纳尔密码所用的方法。这种技巧确实能够达到使语言统计数据"变平"的效果。但是，更常用也更有效的技巧是，设法使对应于任一给定明文区组的密文区组，随信息中所有位于它前面的明文区组的内容而定。为达到此目的，最常用的两种方法是使用密码分组链接（CBC）模式和密码反馈（CFB）模式。接下来我们描述一下 CBC 模式。

假定我们有一条信息，它由 n 个信息区组 M_1、M_2、……、M_n 组成，我们希望用密钥为 K 的区组密码来为其加密。在 CBC 模式下，所得的密文有 n 个区组：C_1、C_2、……、C_n，但此时每个密文区组都依赖于所有在它前面的信息区组。具体做法是这样的：除了 C_1 之外的每个密文区组，都是先由对应的信息区组与它前面的一个密文区组作 XOR 运算后再进行加密而得到的。例如，C_2 是加密 $M_2 \oplus C_1$ 之所得。如果我们用 EK 表示使用密钥 K 进行的加密，则可得出 $C_2 = EK(M_2 \oplus C_1)$。显然，第一个信息区组需要与此不同的处理方法。一种办法是让 C_1 等于 $EK(M_1)$。另一种常用的方法是使用一个初始化值（IV）并设 C_1 是对 $(M_1 \oplus IV)$ 加密的结果。（注意，若 IV 区组中全是 0，那么这两种方法是等同的。）因为 C_1 依赖于 M_1，C_2 依赖于 M_2 和 C_1，所以很清楚 C_2 同时依赖于 M_1 和 M_2。类似地，因为 $C_3 = EK(M_3 \oplus C_2)$，所以 C_3 同时依赖于 M_1、M_2 和 M_3。总体上说，每个密文区组依赖于它所对应的明文区组以及所有位于它前面的明文区组。这样做的效果就是将所有的密文区组用一种合适而特定的次序连接起来。这不仅破坏了信息所用语言的统计特性，而且实际上还排除了他人对密文动手脚的可能性。

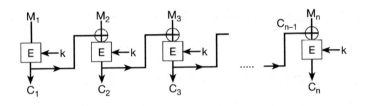

密码分组链接

现在我们用在第五章出现过的有关分组密码的小例子来解释 CBC 模式是如何运作的，并比较在使用同一算法和密钥时，EBC 模式与 CBC 模式加密所得密文的异同。不幸的是这个例子表面看起来比实际上要复杂。所以我们鼓励读者坚持看完这个例子。当然，如果你跳过这段直接去读下一节也无碍大局。

这个例子中的明文用十六进制写为 **A23A9**，密钥 K = **B**。加密算法是先对明文区组与密钥作 XOR 运算，然后再将 $M \oplus K$ 中的二进制数字向左移转一个位置，从而得到密文区组。对于 CBC 模式，我们使用全为 0 的 IV，使得 C_1 与 ECB 模式加密的所得相同。于是 $M_1 \oplus K = A \oplus B$ = 1010 + 1011 = 0001，经移转后得到 0010，这便是 C_1，所以 $C_1 = 2$。

计算 C_2 的过程如下：

$$M_2 \oplus C_1 = 2 \oplus 2 = 0010 \oplus 0010 = 0000$$

$$0000 \oplus K = 0 \oplus D = 0000 \oplus 1011 = 1011$$

施行移转后得 $C_2 = 0111 = 7$。C_3 是这样算出的：

$$M_3 \oplus C_2 = 3 \oplus 7 = 0011 \oplus 0111 = 0100$$

$$0100 \oplus K = 0100 \oplus 1011 = 1111$$

施行移转后得 $C_3 = 1111 = F$。C_4 的计算过程是：

$$M_4 \oplus C_3 = A \oplus F = 1010 \oplus 1111 = 0101$$

$$0101 \oplus K = 0101 \oplus 1011 = 1110$$

施行移转后得 $C_4 = 1101 = B$。我们请读者来计算出 C_5（答案在下面给出）。

这样，对同一个信息，我们用不同的加密模式得到两种密文。

信息： A 2 3 A 9

使用 ECB 模式得到的密文： 2 3 1 2 4

使用 CBC 模式得到的密文： 2 7 F B F

即便是从这个小例子中我们也可以清楚地看到，CBC模式下相同的信息区组的位置与相同的密文区组的位置之间没有明显的关联。

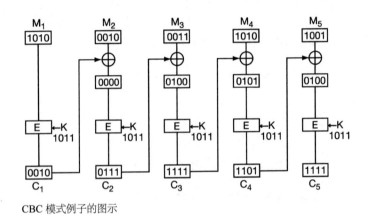

CBC 模式例子的图示

在 CFB 模式下使用分组密码时，运作过程与此不同；但最后的效果是类似的，即每个密文区组依赖于它所对应的明文区组以及所有原信息中依次出现在它前面的明文区组。关于 CFB 模式的详情，可参见梅内策斯、范·奥尔斯霍特和范斯通所著的《应用密码术手册》一书。

认证

在信息安全领域，**认证**一词有两种不同的含义。一种含义是数据来源的认证，它关注的是核实所收到数据的来源，另一种含义是（对等）实体的认证，即一个实体对另一个实体身份的验证。

典型的数据来源认证都伴随着对数据完整性的确认。实体认证有很多种形式，但基于密码术的实体认证往往有赖于两个实体之间某种信息的交换。这种交换被称为**认证协议**。本书中我们常常提到用户并认为用户就是指人。然而在这里所谓的实体可能指计算机，也可能指人。

当然，用户认证是访问控制[1]概念中最基本的要素，用户可通过多种方法在彼此之间或是在计算机网络上认证自已的身份。基本的技巧至少需要依靠下列三样东西中的一样：

- **已知物**：例如，它可能是需要用户保密的口令或 PIN；

- **拥有物**：例如塑料卡或个人专用手持计算器等；

- **用户的某些特征**：包括生物识别标志，例如指纹和视网膜扫描、手写签名或声音识别等。

---

1 访问控制（access control），又译为"存取控制"。

最常用的方法大概是使用已知物或拥有物的组合体。当然，风险总是存在的：已知物可能被对手发现，而拥有物可能被对手偷去或复制。这种情形支持了下述观点：唯一能够对用户作出认证的方法应该以用户的特征为基础，诸如其**生物识别标志**。然而，由于存在一些实际困难，生物识别标志还不能广泛使用。

利用对称算法的认证和数据完整性

认证和数据完整性都能利用对称密码来达成。我们首先考虑认证问题，然后是数据完整性问题。认证的类型有两种。在**单向认证**时，需要一个用户认证另一个用户；在**双向认证**时，两个用户需要彼此认证。第九章讨论的磁条卡在 ATM 上的应用，就是一个单向认证的例子。通过输入 PIN，磁卡由 ATM 在加密的情况下加以认证。但磁卡持有人必须使用非加密的手段——比如观察 ATM 的位置和结构样式——来确认所使用的 ATM 机并非是伪造的。登录一台计算机也是单向认证的例子。无论哪一种类型的认证都要用到事先商定的算法以及秘密信息或密钥。算法中密钥的正确使用是认证的关键。很明显，这个过程取决于密钥不被泄漏。更进一步，高级的认证技术常常要求使用双方商定的协议，其中包含质询与应答（即质询的加密版本）的交换。

必须注意，认证协议仅限于在协议生效的瞬间确立双方的身份。如果要在刚被认证的整个联络过程中对信息加以保密，或是保证数据的完整性，则必须用其他加密机制来提供保护。保密过程所需的密钥可以作为认证协议的一部分来交换。但如果还要防止冒名顶替者对（部分）认证协议进行重放[1]，那么就需要使用诸如序列号或时间标记等额外的信息了。

为了保证信息的数据完整性，可以使用认证算法和密钥。认证算法以信息和商定的密钥为输入信息，然后计算出一个认证值作为输出信息。这个认证值只是一个（短的）比特串，它的值取决于认证算法、信息本身和商定的密钥。用第五章的术语来说，认证算法就是由密钥控制的散列作用。

1　重放攻击（replay attack）指攻击者通过重放消息或消息片断达到对主体进行欺骗的攻击行为，主要用于破坏认证正确性。

当用户 A 想给用户 B 发一个信息时，他将认证值添加到信息上。B 收到的是该信息及其认证值。然后 B 用从 A 处收到的信息和商定的密钥作为输入信息，经认证算法算出输出信息。如果这个输出值与 A 发来的认证值相符合，则 B 可以确信这个信息确实是 A 发出的，而且没有被改动过。（所以，这一认证功能同时保证了数据完整性及对 A 的认证。）善于观察的读者一定会注意到，这种类型的认证方式并不能阻止冒名者重放。我们已经说过，为了对抗这种重放攻击，用户还需要在信息上附加标识符，如序列号等。

这种认证过程的一个重要特征是发送方与接收方所作的计算是完全一样的。所以，当 A 和 B 为到底发送了什么信息而发生争执时，将无法用密码学方面的办法来解决争端。这并不是该系统的缺点，只不过是使用了对称密码术的必然结果。在这里，A 和 B 必须彼此信任。他们共享一个密钥并依靠这个密钥的保密能力保护他们不受第三方的窜改性攻击。他们不会彼此防范，因为他们是互相信任的。一般而论，对称密码的大多数用户都是这样的。互相信任的团体使用对称密码来保护他们的信息不受他人

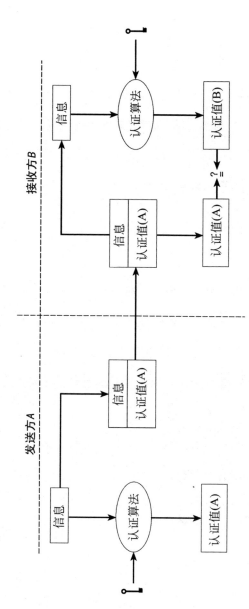

使用对称算法的认证

的攻击。

使用最为广泛的、特别是财政部门喜欢使用的认证手段被称为**信息认证码（MAC）**。如果信息是 M_1、M_2、……、M_n，其中每个 M_i 由 64 个比特组成，那么就可以使用 CBC 模式的数据加密标准。但此时仅需用到 C_n 这个密文区组，所以 MAC 由 C_n 的 32 个比特组成。

数字签名

根据第五章指出的理由，非对称算法的用途往往局限于保护对称密钥的安全和提供数字签名。如果需要解决发送方与接收方由于信息内容或信息的来源等问题而发生的争执，对称密码是无能为力的，所以就出现了对数字签名的要求。

一个特定的发信人在信息上的**数字签名**是由该信息和发信人共同决定的一个密码值。与此不同，手写签名仅取决于发信人而与信息无关。数字签名可用来保证数据完整性及证明信息来源（不可否认性）。如果发送方拒绝承认他发出的信息内容甚至否认发过信息，收信人持有发送方

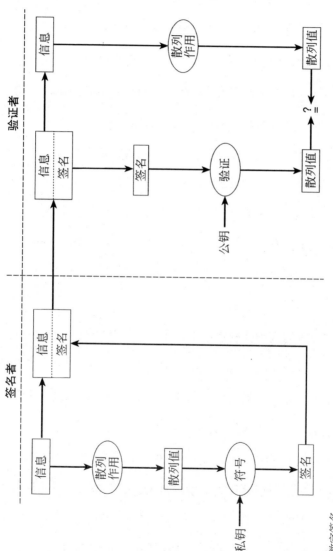

数字签名

的数字签名就能解决纠纷。它提供了解决发送方与接收方之间纠纷的一种手段，这也是数字签名机制与上节所描述MAC实施过程的区别。很显然，这类纠纷只有在发信人与收信人处于非对称的状态时才能够解决。上述情况表明非对称密码系统是提供数字签名的最自然的工具。

基于公钥密码系统（如RSA或贾迈勒算法等）的数字签名模式，其基本原理是很简单的。每个用户有一个只供他们自己使用的私钥，而且使用它就能让收信人确认自己的身份。然而，还存在一个对应的公钥。任何人只要知道这个公钥便可检验与之对应的私钥是否已被使用，但不能具体地确定出私钥本身。

当收信人确认私钥已被使用后，他就会确信信息的来源和内容都正确无误。当然，发信人也会确信想要冒名顶替是不可能的，因为他人不能从公钥或**验证**密钥或数字签名中推导出私钥或**签名**密钥。

非对称密码的运作过程要求进行大量的计算，所以要对信息进行散列作用处理以得到它的压缩版本或简称散列。签名是应用非对称算法及对应的私钥从散列（它代表信息）中产生的，因此只有私钥的使用者才能生成签名。

任何一位知道所对应公钥的人都能够确认该签名。要实现这一点，需使用非对称算法及相应公钥从签名中算出一个值。这个值应该等于信息的散列值，并且是任何人都能算出来的。如果这个值与散列值一致，这个签名就是真实的；如果它们不一致，这个签名则是假的。

RSA 和贾迈勒算法是两个使用范围最为广泛的非对称算法。RSA 的加密与解密方法是一样的，所以签名和验证过程也一样。RSA 的一个替代算法是基于贾迈勒算法的数字签名标准（DSS）。对于 DSA[1] 而言，签名与验证过程并不相同。此外，DSA 需要一个随机数生成程序（一个附加处理过程），而 RSA 并不需要。不过，DSA 总是产生一个固定长度为 320 比特的签名，相反，RSA 的签名区组和模数具有同样的长度：当安全水平的要求越高时，它们就越长。

假定使用数字签名作为识别身份的工具，若用户 *A* 想假冒用户 *B*，此时存在两种不同形式的攻击方法：

1. *A* 尝试去获得 *B* 的私钥并使用之。

---

1 DSA（Digital Signature Algorithm），数字签名算法，它是数字签名标准的一部分。

2. *A* 试着用他的公钥来代替 *B* 的公钥。

第一种类型的攻击方法可以是试图破译算法，也可以是设法接触存储私钥的物理设备。对算法的攻击已经在第六章中讨论过；而物理设备的安全性是密钥管理中的重要环节，第八章将对此进行集中讨论。这两种攻击与针对对称系统的攻击类似。然而，第二种类型的攻击是特别针对公钥密码系统的，当前流行的大多数"防御措施"都要使用由认证中心颁发的数字证书。

认证中心[1]

我们已经讨论过对密码系统的"传统"攻击，比如通过破解算法来确定私钥，或是经由物理手段接触密钥，比如获取一台能够使用密钥或能探测到秘密数值的装置等。然而，公钥系统还需要能对付模仿攻击[2]的基础设施。假设用户 *A* 能使他的公钥看起来就像属于 *B* 的一样，此时其他用户可能会用 *A* 的公钥为 *B* 的对称密钥加密。但是

---

1 认证中心（Certification authorities），又译作"证书管理机构"。
2 模仿攻击（impersonation attack），又译"假冒攻击"。

最终 *A* 将会得到被这些对称密钥所保护的机密信息，*B* 却得不到。此外，*A* 还能够用他的私钥签署信息，而他的这些签名也将被别人当作是 *B* 的签名。利用认证中心以及建立公钥基础设施（PKI）的目的就是为了防止这类模仿攻击。

认证中心（CA） 的主要作用是提供数字签名的"证书"，它把实体的身份与其公钥值绑在一起。为了使 CA 的证书也能被核查，CA 自己的公钥必须广为人知并被广泛认可。在这个背景下，证书乃是一种带签名的信息，它包含了实体的身份、其公钥值，也许还有些附加信息，如终止日期等。这些证书可以看作是由广受尊敬的发证机构（即 CA）签发的"介绍信"。

假定 CERTA 是由 CA 颁发的一份证书，其中包含了 *A* 的身份和 *A* 的公钥，所以 CERTA 将 *A* 的身份及其公钥值绑在了一起。任何人只要有真实的 CA 公钥的副本就能验证 CERTA 中的签名的正确性，从而确认他们知道 *A* 的公钥。于是，确保 *A* 的公钥可靠性的问题就被替换成保证 CA 公钥的可靠性的问题，同时还要确信对 *A* 身份的验证正确无误。注意，如有人能在认证过程中假冒 *A*，那他就可以得到将他的公钥与 A 的身份绑在一起的证书。这使他们能在那份证书的整个有效期内假冒 A。这个例子说明身份盗窃的隐患将来可能会愈发严重。

值得注意的是，任何人都能够编造出一个特定用户的证书，使得用户 A 的数字证书的所有权不能用来识别 A。这个证书只是将 A 的身份与一个公钥值绑在一起。此时，身份证明可以使用质询－应答协议来达成，该协议能证明 A 的私钥是否已使用。这可能涉及到收到质询的 A 需要给出签名。A 用他的签名作答，校验器利用 A 的证书中的公钥值来证实签名是真实的。在这里，正是与 A 的证书中的公钥相对应的私钥的使用，才确认了 A 的身份。

现在假定有两个用户 A 和 B，他们持有由不同的 CA 颁发的证书。若 A 需要确认 B 的公钥的可靠性，那么 A 就需要一份 B 的 CA 颁发的公钥的副本。这可以通过**交叉验证**的方式完成，此时每个 CA 都要给另一个颁发一份证书；也可以引入**认证阶层**的办法，即有一个"根 CA"，它位于那两个 CA 之上并给每一方都颁发证书。

我们可以用图来解释这两种过程。图 (a) 和 (b) 中的 X 和 Y 都是 CA，$X \rightarrow A$ 意指 X 给 A 颁发证书。图 (b)

中的 Z 是根 CA。例如，当 B 需要确认 E 的公钥时，那么在（a）中，B 需要核实由 X 颁发给 Y 的证书以及由 Y 颁发给 E 的证书。而在（b）中，B 需要核实由 Z 颁发给 Y 的证书和由 Y 颁发给 E 的证书。因此，无论是在哪种情形中，B 都需要检验由两个证书组成的一个链。在更复杂的系统中，会遇到包括很多交叉验证和多层次认证的组合，此时需要检验的链也会更长。

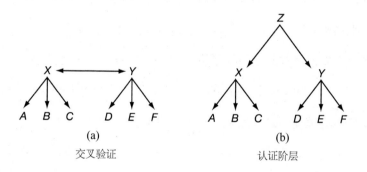

（a）

交叉验证

（b）

认证阶层

很多人认为数字签名是电子商务的核心问题，许多国家都在制定法律，以使数字签名与手写签名具有同等的法律地位。若有读者想对当前的数字签名机制有一个全面的了解，并对公钥基础设施相关课题的讨论感兴趣，我们建议其参阅由派珀、布莱克–威尔逊（Blake-Wilson）和米切尔（Mitchell）所著的《数字签名》一书。当然其中有一些问题十分重要，需要在这里加以讨论。与证书的使用有关的一个主要问题是**撤销**的问题。例如，某公司发给一名雇员一份证书，但后来该雇员离开了。第二个例子是关于密钥持有者的，他了解到他的私钥已受到侵害。在这两种情形中，都需要 CA 能够撤销那份证书。由于这些证书可能已经广为散布，直接去通知每个人该证书已被撤销是不太现实的。一种常用的解决办法是由 CA 发布一份"**证书撤销表**"（**CRL**），然而，这是一笔重要的管理费用，而且还有很多与此相关的问题。

第二个显而易见的问题与责任有关。很多用户怀着信任的心理使用这种证书。假定一份证书出了差错，使得列在表中的公钥值不属于列表中的主人，在这种情况下，可能会搞不清楚谁该负责：是公钥的所有者，是用户，还是CA。

公钥基础设施

利用公钥基础设施（PKI）的初衷是为了促进公钥密

码术的使用。亚当斯（Adams）和劳埃德（Lloyd）写了一本题为《理解公钥基础设施》的书，据我们所知这是关于这个主题的第一本书。书中将 PKI 定义为"一种无所不在的保障安全的基础设施，它的服务功能是借助于公钥的概念和技巧实现和展开的"。

我们已经强调了身份验证的重要性、撤销证书的必要性，以及交叉验证的概念等。其中交叉验证可能是极难实现的，除非参与其中的 CA 使用的技术能够兼容。即便如此，还是会出现一些问题，它们与用户如何决定哪个 CA 的验证是可信赖的这一普遍性问题有关。于是，CA 需要公布其政策和实际工作状态，讲明其所实行的各种安全程序等信息。

到目前为止，我们已认识了 PKI 系统的三个关键角色。第一个是证书的所有者，他申请证书；第二个是 CA，它颁发证书，将证书所有者的身份与该所有者的公钥值绑在一起；第三个是信赖证书者，他使用（因而信赖）该证书。在某些系统中，身份识别的验证由独立的权威机构实施，该机构名叫**注册中心（RA）**。

正如我们已经看到的，在一个拥有大量 CA 的大型

PKI 中，一个用户要认定另一用户的公钥是否可靠，可能需要对一长串证书中的签名进行核实。这可能是一次既昂贵又费时的运作，用户们不想这样做。为了使用户"节省"这项开支，**证书验证中心（VA）**的概念就出现了。其基本理念是，终端用户只须去询问 VA 某份证书是否仍然有效，并收到是或否的答复。于是，这项工作便从用户转移到了 VA。

在密码术中，PKI 和数字签名可以说是当前与电子商务关系最密切的两个领域了。但是有志于此的实践家们正亲身体验着若干技术难点，例如与可扩展性有关的问题。此外，尽管有一些断言宣称，PKI 技术对电子邮件的安全、访问网络服务器的安全、虚拟专用网络的安全和其他通信的安全等具有决定性的作用，但是组建 CA 这样的机构的商业诱惑力，已被证明比预期的要弱。

当 PKI 建立之后，需开展下列活动，当然不一定按下列的先后次序进行：

- 必须生成为 CA 所用的密钥对。
- 必须生成为用户所用的密钥对。

- 用户必须申请证书。

- 必须确认用户的身份。

- 必须确认用户的密钥对。

- 必须制备好证书。

- 必须检验证书。

- （需要时）必须去除/更新证书。

- （需要时）必须撤销证书。

与这些活动相关的根本问题是**在哪里？**以及**由谁开展？**某些 CA 制造的证书是附带着不同"水平"标识的，大致地说，水平是反映证书可信赖程度的一个指标。例如，用户会被建议在高价值交易时不要使用低水平的证书。在这种系统里，证书的水平可能会反映出识别过程是如何进行的。例如，当识别过程是建立在使用电子邮件地址基础上的时候，产生的证书就会是低水平的，而高水平的证书必须经过手工操作的程序才能配送给用户，包括提供口令等。亚当斯和劳埃德的《理解公钥基础设施》或克拉珀顿（Clapperton）的《电子商务手册》都是很好的讨论有关 PKI 的问题及其潜在的解决办法的概述性文章，有兴趣的读者可以阅读。

信任需求

CA 是所谓**可信任的第三方（TTP）**概念的一个例子。在这个例子中，两个参与者都信任第三个参与者，即 CA，他们利用这种信任建立起他们之间的安全通信联络。TTP 几乎出现在所有使用密码术的地方，而且对它们的使用常常会引发一些忧虑。一般来说，用户必须信任 TTP 的诚信以及技术能力。要精确地判断它们应发挥多大的影响以及用户的安全应在多大程度上依赖于它们，这通常是很难的。

例如，考虑公钥与私钥对的生成。我们已经指出，这是一个数学过程，需要专用的软件。普通人无法完成这一过程，所以密钥或密钥生成软件都须由外部提供。无论是哪种情形，无疑都需要信任。通常密钥都是在外部生成的。一个显而易见的问题是：密钥应由 CA 生成还是由另一家 TTP 生成。我们提出这个问题的目的不是为了给出答案，因为很清楚，答案取决于具体的用途和环境。我们只是想引起对某些课题的关注。值得担心的是，如果一个组织为另一个实体生成了私钥和公钥对，该组织可能会保存私钥的副本，甚至将其透露给其他实体。对此的争论影响深远，一些人主张根本就不需要 CA。

1991 年，名为**优良保密协议（PGP）**的软件包的首个版本问世，任何一位希望使用强加密的人都能免费使用它。它采用 RSA 方法进行用户认证和对称密钥配送，并且采用称为 IDEA 的对称加密算法来保证机密性。虽然它使用了数字证书，但原始版的 PGP 并不依赖于核心 CA，而是任一用户对其他任何用户而言都可以担任 CA 角色。它成了众所周知的**信任网**工作方式。本质上，它意味着用户判断证书的可靠性是根据签发人是否为他所信赖的人而定的。对于小规模的通信网络而言，上述方式确实不需要核心 CA 而仍能正常工作。然而，对于大规模网络而言，这种做法还存在许多隐患。

另一个取消 CA 的可能做法是让用户的公钥值完全由他们的身份来确定。如果用户的身份与公钥值（本质上）是等同的，那就很清楚不再需要使用证书把它们绑在一起了。基于用户身份的公钥密码术概念是沙米尔在 1984 年提出的，此后出现了多种基于此概念的签名方案，但直到2001 年才生产出基于身份的公钥加密算法。这样的算法有两个，一个是博内（Boneh）和富兰克林（Franklin）设计的，另一个是英国通信电子安全组（CESG）设计的。

在基于身份的系统中，必须存在一个受到普遍信任的中心体，由它来根据客户的公钥计算出相应的私钥并交付给客户。因此这种方法不会消除对 TTP 的需求，必须通过它生成所有用户的私钥。然而这种方法确实消除了对证书的需求。在这种系统下，用户 A 声称自己是 B，大概不会给他带来什么好处，因为只有 B 才具有由 B 的身份确定的私钥。

基于身份的公钥系统的应用代表了除传统的 PKI 途径之外的另一有趣的加密途径。不幸的是，它也显现出了自身的问题，最明显的是关于唯一身份的概念和公钥撤销的问题。假定用户用他的名字和地址确定了他的公钥，如果他的私钥泄密，那么他就得搬家或改名字。这种做法当然是不实际的。对于这种**身份盗窃**的特殊问题，还是有些解决办法的。一个办法是让用户的公钥取决于身份和另一个公开变量，比如日期。这将保证用户的私钥每天都在变化，但可能会给中心体带来难以承受的工作量。目前有相当多的研究都想弄清楚是否能够用基于身份的系统来代替PKI。

还有另一种极端的观点，有些人主张，保证安全的最好方法是将众多危险集于一处，然后为此处提供最强大的安全保障。如果采纳这种想法，那么就可以由 CA 来生成用户的密钥。持这种观点的人争论道，如果用户对生成其密钥的 CA 足够信任，那么用户也应信任由它来代表其进行密钥管理。辩护理由是密钥需要这种高度安全的 CA 环境。这就是所谓的**中心服务器**的安全手段，事实证明，它对某些组织而言是有吸引力的。

第八章

密钥管理

引言

在前面各章中，我们主要讨论了各种算法及其用处。但我们也反复强调了良好的密钥管理的重要性。大体上，密码服务的有效性取决于多个因素，其中包括算法的强度、一些物理特性（例如关键硬件设备的抗窜改性以及硬件访问的控制），还有密钥管理。强算法可用来防止攻击者算出密钥。然而，如果攻击者能用其他手段得到合用的密钥，那么强算法的价值就变得极小了。任何密码系统的安全都完全依赖于密钥的安全。密钥在其使用周期的各个阶段都需要加以保护。在本章，我们将阐明密钥管理的含义，论述泄露密钥的危险性，并探讨一些实际可行的解决办法。我们在这一章中会常常提到一些较为通用的加密标准，特别是由美国国家标准协会（ANSI）为银行业界制定的一些标准。为了有效地管理密钥，我们需要小心地选择管理方案，以保证它既能满足商业的需要，又能适合密码系统的运转条件。任何时候都不要忘记，过度复杂的密码安全系统意味着一项经常性的业务管理开支。

密钥的生命周期

密钥管理最基本的目的就是无论何时都要保证所有密钥的安全和完整。对任何一个密钥而言，它的生命周期从生成开始，并一直持续到不再使用且被销毁时为止。密钥生命周期的主要阶段如下图所示。

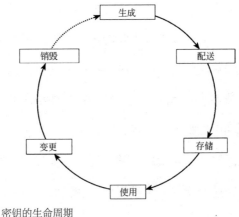

密钥的生命周期

　　几乎在所有情形中，每个密钥最终都会被另一个所取代。因此可以说这个过程是一个循环：某个密钥在销毁时，必有一个新密钥来替代它。然而，新密钥也可能在旧密钥被毁之前就已经经历了生成、配送和存储等过程。在某些系统中可能还会有密钥存档的要求。

　　任何密钥在其生命周期的每个阶段都需要配备监控程序以侦查潜在的密钥攻击者。这几乎肯定会涉及到对密码使用记录的某种审查跟踪。显然，必须对这个过程加以监控，否则这种审查跟踪毫无意义。更进一步说，必须有人有权在密钥受到潜在威胁时作出反应，监控才有价值。特别是在大型密码系统里，往往都要求密钥有一个指定的、对其安全负责的主人。

　　下面我们来分别讨论这一生命周期中的每一个阶段。虽然很多基本的密钥管理原则都是相同的，但对称密码术的密钥管理与非对称密码术的密钥管理很不一样。事实上，**PKI** 的建立是非对称算法的密钥管理在某些方面的基础。我们的讨论中将主要关注对称系统，但当两个系统的差别很显著的时候，我们也偶尔作些说明。

密钥生成

密钥生成常常是个困难的问题，特别是对公钥算法而言，因为它的密钥有很复杂的数学特性。对于大多数对称算法，任一个二进制数串（或偶尔也用其他符号）都能成为密钥。这意味着大多数对称算法的用户都有能力生成他们自己的密钥。主要的难点在于要找出一种方法，使生成的密钥是不可预测的。大众化的方法有手工技巧（例如抛硬币）、由个人资料派生（如PIN）或者使用（伪）随机数生成器。

对于非对称系统，情形就不同了。大素数的生成过程要求进行复杂的数学运算，可能还需要可观的资源支持。正如我们在前一节指出的，用户可能不得不信任外部生成的密钥或外部编写的软件。我们来看看RSA，它的安全性取决于攻击者能否因子分解模数N。如果密钥生成过程仅能产生有限个数的素数，那么攻击者就能生成那些有限的素数并且用每个素数作为因子去试。这个简单例子说明了公钥系统必须有一个好的密钥生成方法的重要性。

密钥配送与密钥存储

密钥的存储与配送都非常重要。它们所面临的难题和解决的方法往往很相似，所以我们把它们放在一起讨论。

使用强算法的目的是防止攻击者算出密钥。但是如果攻击者能在系统中某个确定的地方找到密钥，上述做法便毫无用处了。安全的密钥存储几乎肯定会使用某些形式的物理保护，例如，密钥可能就存储在某些物理存取受到严密控制的地方。这些密钥是否安全，其关键就在于存取控制的有效性。此外，密钥也可能存在一个设备里，如智能卡，这种卡有两层保护措施。第一层是卡的主人有责任确保这张卡一直在他的掌握之中。第二层是这张卡可能具有高水平的抗窜改性，可以防止他人得到卡之后读出其中的内容。

一条很粗略的密钥保护规则就是，理论上密钥不应出现在系统中任何确定的地方，除非对它们进行适当的物理保护。如果无法实现这种物理保护，那么就应该对此密钥用另一个密钥加密或者将它拆分为两个或更多个组件。这条规则是在绝大多数加密工作还在硬件上进行的时期制定的。如果行得通，它仍然是很有效的，因为具有抗窜改性的硬件存储看来能提供比软件更好的保护。利用另外的密钥来加密密钥的做法导出了**密钥层次**的概念，其中每个密钥都用来保护位于它下一级的那个密钥。密钥的层次很重要，我们还会在本章的后面对此进行讨论。现在，我们只需注意，若要安排一个系统使得每个密钥都被另一个密钥所保护，显然是不可能做到的，因为必然会有一个处于系统顶端的密钥。这个**主密钥**可能用组件的形式来生成和配送。这些组件分别由不同的主人所持有并且被分别安装在加密器件中。显然，为了让使用组件的概念是有意义的，应使任何人都无法以确定的形式接触所有的组件。

现在我们来讨论如何构造密钥组件而不泄露密钥的任何信息。假定有两个组件合起来构成一个密钥 K，最原始的方法是用 K 的前一半作为第一个组件 K_1，另一半作为组件 K_2。然而，这样的话知道 K_1 就可能找出 K，办法是去试所有可能的 K_2 的值。例如，如果 K 是一个 64 比特的密钥，知道 K_1 就意味着找出 K 只需对 K_2 进行 2^{32} 次尝试，这个数目与密钥穷举搜索法所需的 2^{64} 次尝试相比是可以忽略不计的。一个更好的办法是生成两个与 K 一样

大小的组件 K_1 和 K_2，比如使得 K 是 K_1 和 K_2 进行 XOR 运算的结果（$K = K_1 \oplus K_2$）。由于 K 和 K_2 同样大小，知道组件 K_1 并不会使得找出 K 的速度加快，因为搜索 K_2 一点也不比搜索 K 容易。

一种更复杂的办法是使用**秘密共享模式**的概念。在这种模式中，有若干称为秘密份额的数值，将这些份额中的几个（或全部）组合起来就能得到密钥。譬如，可以用 7 个秘密份额来设计一个系统，使得其中的任意 4 个便能独立地定出密钥，但只知道其中任何 3 个就不能得出该密钥的任何信息。这不仅引进了与共享责任相联系的安全性，而且在需要恢复密钥时，可以较少地依赖特定的个人。

就像密码术的其他许多方面一样，通信系统的密钥管理比数据存储的管理要难很多。如果用户只是要保护他们自己的信息安全，那么就不需要配送密钥。然而，如果需要进行安全的通信，往往就需要进行密钥配送。此外，配送的数量取决于要求安全通信的终端的个数。如果只有两个这样的终端，我们称之为**点到点**的情形。如果有两个以上的通信终端要连接，那么密钥配送问题的解决方案取决于两个因素，即商业用途与终端环境。这里有两种极端情况。一种是"车轴辐条"式的环境，由一个中心终端（或称车轴）和其他若干终端组成，后者必须能安全地与中心终端进行通信。另一种是"多到多"的环境，此时可能每个终端都要求能够安全地连接到其他任何终端上。

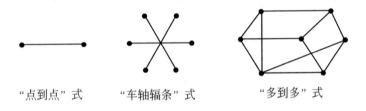

"点到点"式　　　"车轴辐条"式　　　"多到多"式

公钥系统的情况有所不同。这里讨论的大部分内容适用于私钥，因为像对称密钥一样，私钥需要保密。但是，公钥是通过证书来存储和配送的，第七章已对此进行过讨论。

密钥确立

密钥确立的概念是：两个参与者能通过一种方法在他们之间商立一个密钥。这种方法叫做**密钥确立协议**，它是密钥配送的一种替换物。当然关键的一点是，在确立密钥前，两个参与者能够互相认证。利用公钥证书就能做到这一点。在这种类型的协议中，最著名并被广泛使用的当属由迪菲和赫尔曼所设计的那个协议。在**迪菲-赫尔曼协议**中，两个参与者须交换他们的公钥。然后他们要使用一种精心选取的组合规则，将自己的私钥与对方的公钥组合在一起，得出一个公用的值，再从中生成密钥。

两个用户必须能够彼此认证，这具有极为重要的意义。若做不到这一点，协议就容易遭受所谓"中间人的攻击"。在这种攻击中，攻击者会拦截两方之间的通信，并且在一方面前假扮成另一方。结果是双方都相信他们有了一个彼此商定的密钥，而事实上每一方都只是跟"中间人"商定了密钥。这是数字证书失效的一种情形。

迪菲-赫尔曼的密钥确立协议的基本思想是，即使有人对确立密钥的通信过程进行了窃听，窃听者仍无法计算出密钥。量子密码术是一种有趣的确立密钥的新技术，它不依赖于密码算法的强度。两个参与者可以利用量子力学的性质来传送信息，同时又能监测传送是否被窃听。密钥的确立包括了一个用户发送一个随机序列给另一个用户的过程。如果它被窃听了，那么该窃听活动是可以监测到的，密钥确立过程就会重新开始，然后未被窃听的序列才会用来作为密钥的基础。

密钥的用途

在很多系统中，每个密钥都有指定的用途并且必须专钥专用。我们还不太清楚这个要求是否总是合理的。但是，有确凿的例子说明赋予同一个密钥多种用途的做法存在诸多弱点。现在普遍认为，坚持每个密钥有独立用途是一个很好的习惯。

我们在前文看到的一些例子表明密钥的专钥专用概念是一个好主意。例如，我们已经讨论过为给其他密钥加密而使用的密钥，它与给数据加密的密钥是有区别的。为了理解实践中的这种约束，我们需要再次提到**抗窜改安全模块（TRSM）**这个概念。当用户收到某个密文，然后把密文与适当的密钥输入 TRSM 时，用户期望的是 TRSM 输出数据。但如果用户收到的是一个被加密过的密钥，那么，用户并不希望模块输出确定的密钥。相反，用户希望该模块将密钥破译并在其中使用。但是，密文和密钥都是二进制数串，加密算法无法作出区分。因此，密钥用途的

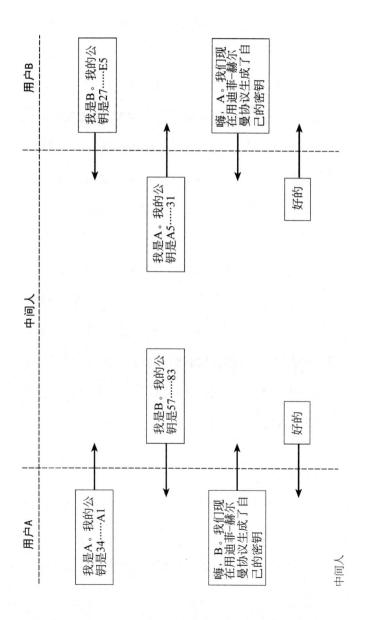

用户A　　　　中间人　　　　用户B

我是A。我的公钥是34……A1

我是B。我的公钥是57……83

嗨，B。我们现在用迪菲-赫尔曼协议生成了自己的密钥

好的

我是B。我的公钥是27……E5

我是A。我的公钥是A5……31

嗨，A。我们现在用迪菲-赫尔曼协议生成了自己的密钥

好的

中间人

概念必须与 TRSM 的功能相关而不是与实际算法相关。

为了使密钥具有唯一的用途，我们需要给每个密钥分配一个标签。这个标签会说明该密钥的用途，例如"数据加密密钥"、"密钥加密密钥"、"MAC 生成密钥"或"MAC 验证"。当然，这些标签的精确形式取决于 TRSM 和环境。对非对称算法而言，用户可能需要两组公钥与私钥对。其中的一组用于加密，另一组用于签名。

一旦商定了标签，就必须通过某种方法将标签和密钥绑在一起，从而使对手不能改变标签，进而避免误用密钥。一种方法是使该密钥的所有加密版本都依赖于 TRSM 的顶层密钥及密钥标签。这可以确保该标签只能在 TRSM 内部"抹去"。一旦标签被绑到密钥上，就必须有某种机制来保证密钥不会被误用。TRSM 的设计和结构对增强这种机制起着决定性的作用。

密钥变更

所有的密码系统都必须有变更密钥的能力。这样做的原因有很多；变更本身可以是按计划的定期更新，也可以是对可疑危害作出的反应。如果怀疑一个密钥已被泄露，也许就要立刻变更该密钥。很多机构会定期进行密钥变更演习操作，为应对紧急情况的出现作好准备，促使他们的职员积累解决相关实际问题的经验。

定期变更密钥可以减少密钥被暴露的几率，并降低它们对于攻击者的价值。一次成功攻击的价值显然决定了攻击者愿意投入的时间和精力。有一种销售点电子转账系统（EFTPOS），它的密钥在每一次交易后都会变更。对这样的系统而言，攻击者不会为了仅得到一个密钥去破坏一次交易而投入大量资源去实施攻击。

对于多长时间必须变更密钥并无一定之规。然而很清楚，每个密钥都应该在使用密钥穷举搜索法把它找出来之前很久就加以变更。另一个要考虑的因素是：需要在密钥可能泄露的风险和变更密钥可能带来的风险之间权衡利害得失。

密钥销毁

对于那些不再需要的密钥，我们必须用安全手段加以销毁。简单地将存有密钥值的文件删除是不够的。极详细地说明实施销毁的细节往往十分必要。例如，ANSI 的一个相关标准说："纸录的密钥资料可用切割、撕碎、烧掉或制成纸浆等方式予以销毁。销毁存储在其他介质中的密钥资料时，必须保证不可能对其用物理或电子手段加以复原。"这段话特别强调了对于所有用电子手段存储的密钥，必须明确地删除，不可留下任何可能对攻击者有用的痕迹或其他消息。这在软件应用中尤为重要，因为用于存储密钥的存储器以后也许会另作他用。

密钥层次

正如我们已经指出的那样，人工操作既费时又昂贵。人们肯定希望将人工操作局限在最小的范围内。对于密钥管理，只要可能，人们更倾向于用电子配送密钥而不是用人工配送。但是，如果用电子配送一个密钥，那么在传输过程中一定要对其加以保护以免暴露。为达到这一目的，人们常用的方法是用另一个密钥给这个密钥加密。正如我们已经提到过的，这就引出了密钥层次的概念，其中处于顶层的主密钥并不能用别的密钥来保护它。因此主密钥需要人工配送，此时的主密钥或是存储于抗窜改设备，或是借助于密钥的组件形式。

最简单的密钥分层形式是分为两层。主密钥是用来加密密钥的密钥，它只用于保护下层的密钥。下层密钥称为**会话密钥或工作密钥**。它们的作用随应用情形的不同而有所差别。例如，它们可能因机密的需要用于对数据进行加密，或者为保持数据的完整性而用于计算 MAC。会话可以用几种方式来定义，例如可以用持续的时间或多种不同的用途来定义。当会话密钥需要变更时，新的替代密钥在主密钥的保护下进行配送。但是，如果主密钥需要变更，则须人工进行。人工的密钥变动常常不太实用，因此很多系统有三个层次，在主密钥和会话密钥之间增加了一层。这一层的密钥是用来加密下层密钥的，作用是保护会话密钥。然而现在，这些用来加密密钥的密钥可以在主密钥的保护下进行配送了。这附加的一层使得用来加密密钥的密钥能够通过电子手段完成变更，并能大大降低人工变更密钥的需要。上述两种情形可用下列图解来说明，其中每个密钥"保护"着它下面的一个密钥。

简单的密钥层次

　　在讨论密钥管理的过程中，我们至此一直假定工作密钥是对称的。然而用于加密工作密钥的算法并不一定要与用于保护数据的算法相同。需特别注意的是，即使工作密钥是对称的，它也并不妨碍对顶层密钥使用公钥密码术。其实，在很多**混合**系统中，非对称算法被用来为对称算法配送密钥。

在网络中管理密钥

　　如果两个参与者希望交换加密信息，他们可选择的密钥处理方式有很多种，可以根据他们所处的环境和所要求的安全水平来决定。用户可以碰头当面交换密码值。如果用户们同意使用一种加密产品，则该产品或许可以促成双方通过比如迪菲－赫尔曼协议那样的协议达成一份密钥合同。但是某产品可能太昂贵或者很复杂，例如，有些产品可以提供一种加密算法并建议用户建立一个字母数字混合字串式的密钥。发信人按建议需将该密钥用电话传递给收信人。此时的安全性如何是很清楚的，但大多数私人通信者或许都能接受这种安全水平。尽管如此，大多数人仍会认为这样做太麻烦，他们并不愿意仅为发送一封机密的电子邮件就必须先打电话。

如果所要求的安全水平较高，那么最初的密钥合同可能会包含某种形式的人工操作。因为人工操作比较慢而且昂贵，用户们可能会想通过电子方法来履行将来的密钥合同。如果一个网络足够小，则存在这样一种密钥配送的方式，即在每一对终端之间建立一个共享密钥。当然，这样做可能费时而且昂贵。对于一个大网络而言，会存在日常的密钥管理工作量过大而且费用太高的风险。为了克服这个难题，很多网络都设有委托中心，它们的作用之一就是促成一对对网络用户之间的密钥确立。

一种典型的情形是，每个用户与委托中心之间确立一个共享密钥。虽然这样做可能费时且花费较高，但用户只须做一次就可以了。如果两个用户希望进行私人通信，他们就可以要求委托中心利用各个用户已和委托中心确立的共享密钥来帮助确定他们之间的共享密钥。我们讨论的这种解决办法依据的是美国国家标准协会和国际标准化组织（ISO）的标准。

使用委托管理中心

我们现在考虑一个大网络的情况，其中每个网点都要求与其他任一网点之间实现安全的密码连接。这样规模的网络要求使用委托中心来帮助确立任何两个网点之间的共享密钥。我们假定每个网点已经与该中心确立固定的安全连接，这样任意两个网点都可以寻求委托中心的帮助来确立共享密钥。虽然这两个网点在他们的安全通信中使用对称算法，但中心与每个网点间的安全通信既可以使用对称算法，也可以使用非对称算法。如果整个系统全都使用对称算法，则委托中心就成为**密钥配送中心**，或是**密钥转换中心**。如果委托中心和网点之间使用的是非对称算法，则该中心就成为**密钥认证中心**。下面我们依次讨论这两种情况。

假定整个系统全都使用对称算法。设网点 *A* 想与网点 *B* 进行安全通信，则 *A* 可以请求委托中心在 *A* 与 *B* 之间建立一个共享密钥。若委托中心是密钥配送中心，*A* 可以要求密钥配送中心提供密钥；若委托中心是密钥转换中心，*A* 便自己生成一个密钥并要求密钥转换中心将它安全地配送给 *B*。无论哪种情形，*A* 和 *B* 与该中心共享的密钥都可以成为用来加密密钥的密钥，从而保护网点与中心之间的所有通信。如果我们将这个新的密钥记为 KAB，那么 KAB 在任何传递阶段都会受到网点与中心所共享的密钥的保护。因此网点 *A* 和 *B* 二者都必须依赖于它们与中心共享的密钥的安全来确信只有 *A* 和 *B* 这两个网点知道 KAB。

现在假设委托中心与网点之间使用非对称模式。我们假定网点 *A* 和 *B* 希望进行通信，而且都有公钥与私钥对。我们进一步假定，密钥认证中心知道这些公钥值，并且能够向网点 *A* 和 *B* 保证对方的密钥是真实的。对密钥认证中心而言，最简单的方法大概是像认证机构那样颁发证书，把网点 *A* 和 *B* 与各自的公钥分别绑在一起。现假定

网点 A 为了与 B 进行安全通信而生成一个对称密钥 KAB。网点 A 可以用 B 的公钥对这个对称密钥进行加密，然后用 A 自己的私钥来签署加密后的密钥。用网点 B 的公钥对 KAB 进行加密，可以使网点 A 确信只有网点 B 也知道这个对称密钥 KAB。此外，用 A 的私钥签署 KAB，可以使 B 确信此对称密钥 KAB 必是网点 A 所生成的。这样 A 和 B 都确信只有他们两个网点知道这个对称密钥 KAB。

A 和 B 共享的对称密钥可用来作为对密钥进行加密的密钥，也可以作为工作密钥。如果 KAB 用作给密钥加密的密钥，那么网点 A 和 B 就不再需要通过委托中心来建立工作密钥了。此外，如果 A 和 B 生成他们自己的公钥和私钥对，那么密钥认证中心并不能算出这个对称密钥 KAB。然而，若委托中心是密钥配送中心或密钥转换中心，对称密钥 KAB 就必须明确地出现在委托中心了。

密钥复原和密钥备份

任何一位希望得到与某些密文对应的明文的人至少需要下述情况之一成立：

1. 有人给他们提供了明文。

2. 他们知道解密算法并且有人给他们提供了解密密钥。

3. 他们知道解密算法并且有能力破解它。

4. 他们能够在系统内找到明文。

5. 他们知道解密算法并且能够在系统内找出解密密钥。

6. 他们有能力推导出算法并破解它。

如果情形 1 成立，那么他们可以绕过密码术；而情形 2 相当于他们得到了与预定的接收者相同的信息。使用强加密可以挫败符合第 3 种情况的攻击者。但要用强加密来对付第 4 或第 5 种情况则是毫无用处的。如果情形 4 出现，攻击者可以绕开加密术，而情形 5 意味着他们跟真正的接收者知道的信息一样多，无须去破译算法。因此，密钥在整个生命周期内得到妥善保护是非常重要的。我们已经详细讨论了密钥管理，但还没有提到密钥备份这一重要主题。如果使用强算法对重要信息加密，之后密钥却丢失了或出现了讹误，此时那条重要信息可能会永远丢失，认识到这一点很重要。所以密钥的备份事关重大，且备份可以储存在本地的安全之处或委托可信任的第三方进行安全保管。上面描述的都是我们假定的最坏情形，所以不再考虑第 6 种情形。

在讨论加密问题时，我们通常采取这样的看法，即它是个人或公司用于保护他们的私人通信或存储信息的工具。自然，它也会给罪犯和恐怖分子以类似的保护，使他们逃脱法律的制裁和政府的其他监管。多年以来，执法机构一直坚持认为在与犯罪行为作斗争时拦截信息是至关重要的。出于这种认识，很多国家有长期沿袭的法律，允许在某些条件下对通信进行合法的窃听，诸如窃听电话等。为了抗击恐怖主义和消除其他对国家安全的威胁，情报机关也抱持类似的主张。不同国家对这些问题的反应各不相同。有些政府试图对一切使用加密术的活动实施严格控制；另一些国家，包括美国和英国，只控制加密装备的出口。但是，近期的技术进展，特别是软件加密算法使用领域的快速扩张，已促使大多数政府反思他们关于使用加密术的各项政策。

显然，这里存在着利益上的矛盾：一方面是私人和各种组织，他们想保护自己的机密资料；另一方面是执法机关，他们坚持认为他们有权知道拦截到的特定通信的内容，以便与犯罪行为作斗争并保护国家的安全。公司希望加密程度能够强到使有组织的罪犯不能破译的程度，而政府想要在某些情况下能够获取任何被传递的信息内容。

英国的《2000 年规管调查权力法令》是一部关于通信拦截的法规。毫不奇怪，其中关于合法拦截的那部分内容已经引起了广泛的争议和辩论。部分争论是围绕这样一个条款进行的：执法机关可以在某些约束下，要求得到破译拦截到的密文所需的密钥，或是相应的明文。

执法机关是否有权在任何情况下要求得到密钥，这涉及了道德问题，围绕这一点的争论占了大多数。这也是有关人权和国家需要之间平衡问题的争论的一个特别现代的例子。我们不打算在本书中对这个特定的主题表明立场。然而从技术的角度看，用户如果认可执法机关在某种条件下有权读懂加密数据，那么可能会发现当只有第 1 和第 2 种情况发生时，对他们是比较有利的。如果执法机关遇到了第 3 至第 6 种情况中的任何一种，那说明对掌握足够丰富资源的对手而言同样也可能出现这类情况。

曾有人预测，人们为了保证个人通信（比如电子邮件）的机密性会普遍采用加密的办法，但实际并非如此。这绝对不是因为缺少算法。确实，潜在用户所面临的可供选择的算法可以说是太多了——它们都接受过公开的科学检验，一般都很强。主要原因大概是缺少易于使用的产品。大多数人对安全不够关心，因为若要保证安全他们将不得不花费更大的力气。当用户发送电子邮件时，他往往只想到去点击"发送"按钮。然而，利用加密手段通常会激活一系列由计算机提出的问题，要求用户作答或作出回应。大多数用户不想劳这个神。使用加密手段时的很多麻烦都来自于密钥管理。不凑巧的是，正如我们反复强调的，良好的密钥管理对系统的整体安全来说确实至关重要。

第九章

日常生活中的密码术

引言

本书自始至终反复强调了密码术与现代生活的关系，并且用实际生活中的例子阐明了一些重要的议题。这一章将描述数个不关联的、利用密码术为人们提供安全服务的情况。其中很多场景几乎是普通人每天都会遇到的，但是他们可能并没有意识到其中存在的安全风险以及加密所起的作用。对于每种情况，我们都会描绘密码术的用途，讨论有关安全的议题，指出它是如何应用的。

从 ATM 中取现金

当一个人从 ATM 中提取现金时，他需要使用一张塑料制的内含磁条的卡片，并知道相关的 PIN。顾客将他们的卡片插入 ATM 插口，输入 PIN，再输入取款数目。在一次典型的交易中，如果是在线交易，该系统需要检验卡上的 PIN 是否正确，再允许顾客提取他所要求的现金额。这个验证很可能是由银行的主计算机进行的，因此 ATM 与主计算机之间必须进行双边通信。ATM 将卡中记录的详情及 PIN 发送给主计算机，主机回复授权交易或是拒绝交易。很明显，这些通信需要保护。

虽然取钱的数目不一定需要保密，但必须保证机器给出的钱数与用户从银行账户上提取的款项数额相同。所以，信息的完整性必须得到某种形式的保护。此外，银行方面有理由担心 ATM 对同一个授权交易的回复进行多次付款，这就要求在回复信息中加入序列号以避免重复执行授权交易。

所有银行都告诫他们的顾客要保守 PIN 的秘密，因为任何偷到或拾到卡的人，只要知道了正确的 PIN 就可以使用这张卡。当然，银行必须保证 PIN 不会在他们的系统中受到损害，因此 PIN 在传送时以及在用于验证其合法性的数据库中都是加了密的。这一过程中使用的算法是 ECB 模式的 DES。因为 DES 加密 64 比特的区组，而 PIN

一般是 4 位数，因此含有 PIN 的区组在加密前需要填满位数。如果对所有顾客所填充的内容都一样，那么对于任何得到加密后的 PIN 区组的人来说，虽然他们不知道正确的密钥，但他们能够识别出共享该 PIN 的所有顾客。为了消除这种隐患，我们使用一种填充内容依赖于顾客卡中的详细信息的填充技术。

使用加密的方法就可避免截听 ATM 与主计算机之间通信的拦截者获知 PIN。加密也可以避免那些能够进入银行数据库的人读取 PIN。但是正如我们在前面的讨论中已经指出的那样，加密并不能预防骗子猜到某人的 PIN。任何人拾获或偷到一张银行卡，都可以将它插入 ATM 并试试运气来猜一猜。因为至多只有 10,000 个四位数的 PIN，猜成功的机会虽然很小，但尚未达到不可能的程度。为了对付这种情况，大多数 ATM 只允许试三次 PIN，三次都错则将卡吞掉。这种举措是合理的，它不给骗子过多的猜测机会，又避免了卡的真正主人插入卡后因输入错误而引起的不便。正如我们所强调的，加密的方法不能抵御他人猜出 PIN 的危险。

一些 ATM 网络现在使用智能卡，其中用上了公钥密码术。此时，用户的卡中包含了他们的私钥以及由卡的发行人签署的证书，以确认他们的公钥值。ATM 发出一个质询供卡签署，从而认证这张卡。就像所有依赖于证书的系统那样，为了检查证书的有效性，终端中必须存有卡的发行者的真实的公钥副本。某些系统通过将这些公钥值存在 ATM 中而实现这一要求。

付费电视

任何一位订购付费电视系统服务的人，都要求能看到那些他们付了费的节目，并且希望那些没有付费的人看不到这些节目。付费电视系统是访问受到控制的广播网络的一个例子。这类网络中的信息——在此例中是电视节目——传播的范围极广，但接收到信号的人中只有一部分人能看懂信息。为达到这一目的，最常用的方法就是使用密钥对广播信号加密，使得只有信息的预定接收者知道该密钥。建立和管理这样的系统的方式有很多。

在典型的付费电视系统中，每个节目在播送之前用其唯一密钥加密。那些为观看这些节目而付费的人，其实是付钱购买该密钥。显然，这就引发了一个密钥管理问题，即如何才能把密钥配送到预订该节目的观众手中。这个问题通常的解决办法是发给该网络的每位用户一张智能卡，卡中包含了用户独有的私钥，对应于一种非对称加密算法。然后用户将智能卡插到读卡器上，这种读卡器可以是电视机的一部分，也可以是由电视网络运营商提供的附加装置。当用户为一个节目付费之后，用来加密该节目的对称密钥在用用户的公钥加密后传送。结合第八章的内容，这种类型的系统使用了对称算法和非对称算法混合而成的两个层次的密钥结构。

优良保密协议（PGP）

优良保密协议最初是 20 世纪 80 年代后期由菲尔·齐默尔曼（Phil Zimmermann）开创的。它是一种用户友好型产品，用于在个人电脑上进行的加密，使用对称和非对称两种加密术。它的很多版本现在还在使用之中。在此我们只讨论一般性概念，而不专注于任何一个特定版本或用途。

PGP 使用的是两个层次的密钥结构，其中对称会话密钥用于保护数据，非对称密钥既用来签名，也用来保护对称会话密钥。PGP 有多种用途，包括电子邮件保密及安全文件存储等。1991 年一个公告版上公布了 PGP，这招致了齐默尔曼与美国政府（声称公布 PGP 是非法出口密码术）及各种专利所有者之间的辩论。这场争辩直到 1997 年才得到解决。PGP 成为一种免费软件，很多新的个人电脑的软件中都包括了它。

我们前面已经讨论过，使用非对称加密的主要困难在于密钥认证。我们已讨论过一种解决方法，就是在一种公钥基础设施（PKI）中使用认证中心网络。PGP 针对公钥认证问题引入了一种不同的解决方法，即建立**信任网**。

信任网可按下列方式建立。首先，每个用户签署自己真实的公钥，这就是说，本质上用户成了他们自己的认证中心。现在假设用户 A 和 B 每人都有这样的由自己签署的密钥。如果用户 B "信任"用户 A，则 B 会很乐意签署 A 的公钥并认为其是可信的。所以，用户 B 在本质上就成了用户 A 的认证中心。现在假设用户 C 不认识用户 A，但他想确定 A 的公钥是可信的。如果 C "信任"签署过 A 的公钥的任一用户，那么 C 会愉快地接受用户 A 的公钥并认为其是可信的。这个用户被称为是把 A 介绍给 C 的**介绍人**。利用这种交叉签署公钥的方式，一个大型的、错综复杂的、已认证公钥的网络(信任网)就可以建立起来。它使得用户能够根据自己判断的签署了公钥的人的可信程度，对每个公钥给予某种程度的信任。

自 1991 年公布以来，PGP 有了很多版本，最近的版本(2001 年版)是第 7 版。早期的 PGP 版本使用 RSA 和 IDEA 作为非对称和对称的加密算法；而 PGP 的后期版本(默认值)用迪菲－赫尔曼协议／贾迈勒算法和 CAST 作为它们的非对称和对称的加密算法。我们现在简单勾画一下利用 PGP 的各种选项对电子邮件进行加密的过程。

PGP 密钥选项

这个选项显示一个窗口，其中列有系统储备的该用户的所有非对称密钥对、其他用户的所有公钥及它们的可信程度，以及一张与其中每个密钥相对应的签名表。在这个窗口中还有一些工具性程序，用于验证和签署其他用户的公钥，以及导出和导入标有签名者的公钥。这个选项还允许用户根据由移动鼠标和敲击键盘导出的数据生成新的非对称密钥对。然后，用户的密钥对中的私钥是用对称加密算法和用户选择的**口令短语**或密钥来加密和保存的。

加密选项

通过这个选项可以用一种带有会话密钥的对称加密算法给信息加密，其中的会话密钥是根据移动鼠标或敲击键盘导出的数据确定的。这个会话密钥要用接收者的公钥来加密，然后可将加密的信息与加密的会话密钥发送给接收者。接收者可以用他的私钥恢复对称的会话密钥从而得到信息。

签名选项

这个选项使用发送者的私钥来签署信息。接收者可用发送者的公钥来检验这个签名。

加密与签名选项

这个选项是用来签署并加密信息的，上面已分别简述过这两项操作。

解密/验证选项

这一选项使接收者能够对加密信息进行解密，或是核实签名（或两者皆做）。

安全网络浏览

现在很多人都在网上购物。为此他们几乎肯定要使用信用卡，这意味着他们的信用卡上的详细资料一定会通过网络传送。正是这些详细资料的安全问题，常被人们认为是这种购物形式尚未进一步普及的一个主要原因。在这一小节里，我们将讨论在网络上，信用卡中的详细资料是如何得以保护的，并讨论由此引出的其他安全问题。

安全的网上浏览是电子商务的本质特征。**安全套接字层协议（SSL）和传送层安全协议（TLS）**是两个重要的协议，专门用于核实网站的可靠性。它们促进对敏感数据的加密，并帮助确保网络浏览器与网站之间所交换信息的完整性。下面我们来专门谈一谈 SSL。

SSL 是客户－服务器协议的一个例子，其中网络浏览器是客户，而网站是服务器。客户启动保密通信，而服务器应答顾客的请求。SSL 最基本的功能是用来在浏览器和所选网站之间建立一个发送加密数据（例如信用卡的详细资料）的信道。

在讨论这个协议之前，我们要指出网络浏览器一般都掌握着一些加密算法，以及若干受到广泛认可的认证中心的公钥值。

浏览器发给网站的初始信息通常被称为"顾客来了"，在其中浏览器必须给服务器发送一张表，内容是浏览器能够支持的加密参数。然而，虽然最开始的信息交换可以使加密得以进行，但该信息并不能向网站确认浏览器的身份。事实上，在很多实际应用中，网站不能验证浏览器，认证协议只是让浏览器来验证网站。这样做常常是明智的。例如，若人们想通过网上浏览器买东西，那么对他们来说很重要的一点就是去确认他们所浏览的网站是可信任的。另一方面，经销商可能有其他的方法验证用户的身份，甚至可以不去关心它。例如，经销商在收到某个信用卡号码之后可以通过信用卡核发机构来直接确证这个号码。

网站为了能通过浏览器的认证，需要给浏览器发送其公钥证书，若浏览器有合适的公钥，那么这份证书就给浏览器提供了一份该网站公钥的可靠副本。作为建立安全信道的一部分，浏览器需再向网站发送一个适用于商定的对称算法的会话密钥。该会话密钥是用网站的公钥进行加密的，这就使得浏览器确信只有被选定的网站才能用这个公钥。于是，SSL 为第八章中所讨论的混合密钥管理系统提供了另一个日常生活中的例子。同时它也是 PKI 用于实体认证的一个例子。

GSM 移动电话的使用

移动电话吸引用户的主要原因之一，是其能让他们信步漫游，并且几乎能从任何地方拨打电话。然而，因为移动电话是无线的，所以电话信息须通过无线电波传播，直到它到达最近的一个通信基站后才经固定的陆线传送。因为拦截无线电讯号很可能比拦截陆线上的电话容易，所以人们最初的要求是 GSM 的安全性至少应与传统的固定电话相当。为满足这个要求，从手机到最近的基站的信息传输是加密进行的。另一个更严重的安全课题是运营商面临的难题，他们需要辨认出这是谁的电话，以便知道该由谁来付账。所以对 GSM 而言，存在下述两个主要的安全要求：机密性——这是顾客的要求，以及用户认证——这是服务系统提出的要求。

每个用户都配发有一张个人专用的智能卡，称为 SIM，它包含一个只有运营商知道的 128 比特的保密认证值。这个值用作质询–应答认证协议的密钥，该协议的算法由运营商选定。当用户打电话时，他的个人身份通过基站传送给系统的运营商。由于基站不知道 SIM 的密钥，甚至也可能不知道认证算法，中心系统需生成一个质询，连同适用于这张卡的应答一并发回基站。这使基站能够检验应答的有效性。

除了认证算法外，SIM 还包含一个流密码加密算法，这在整个网络中是通用的。这个算法用来加密从移动电话传送到基站的信息。对这些加密密钥的管理是很精巧的，需使用认证协议。认证算法接收 128 比特的质询，并计算出一个 128 比特的应答，该应答依赖于卡上的认证密钥。

然而，只有 32 比特从 SIM 传到基站作为应答。

这意味着当认证过程完成时，还有 96 比特的加密信息只有 SIM、基站和主计算机知道。在这些比特中，64 比特被用来确定加密密钥。注意，每次进行认证时加密密钥都会变更。

参考资料与延伸阅读建议

在本节我们将列出本书引用过的全部参考书，并对读者的延伸阅读提一点建议。正如我们已经提到过的，围绕密码术的各个方面撰写的著作非常多，因此我们不想列一张包罗万象的书单。

本书从头至尾都参考了梅内策斯、范·奥尔斯霍特和范斯通著的《应用密码术手册》，它可以作为详细讨论密码方面的技术课题的标准参考书。无论学术界还是密码工作从业者，都对该书评价甚高。我们将它推荐给每一位打算认真学习密码术的人。但必须指出，与读其他大多数密码方面的教科书一样，读者需要具备比较好的数学基础。对于那些没有接受过足够的数学训练但很想知道超出本书范围的更多技术细节的人，我们推荐 R. E. 史密斯（R. E. Smith）的《因特网密码术》（库克 [Cooke] 的《代码与密码》也属于这类读物，父母们可以借助它来激起孩子的兴趣）。如果你希望做更多的练习，可以到 Simon Singh 网站上一试身手。它包括交互式的加密工具，训练破译能力的密文以及虚拟的谜密码机。

对从事安全保密工作的专业人员而言，数字签名和 PKI 是密码术中最为重要的两个方面。这两个主题的内容分别包括在下列作者的著作中，他们是派珀、布莱克－威尔逊和米切尔，以及亚当斯和劳埃德。想知道密码术是如何应用于安全电子商务领域的读者可以去查阅福特（Ford）和鲍姆（Baum）的《安全电子商务》。对那些想在更广泛的背景中了解密码术的人，我们推荐安德森（Anderson）写的《安全工程》。

我们在第一章提到过，密码术的历史是一个迷人的课题。这方面的"经典"当属卡恩的《破译者》，而辛格的《码书》则是更新的作品，它对提高公众对密码术的认识和欣赏能力有着非常大的影响。一个特殊的历史事件成为很多书籍、戏剧及电影的主题，那就是第二次世界大战中在布莱奇利公园进行的破译密码的活动。对此事件的最早描述出现在韦尔什曼（Welchman）的《茅屋六故事》一书中。那些参与了布莱奇利公园的英勇事业的个人也写了很多与此有关的文章，这些文章被汇编成《破译者》一书（由欣斯利［Hinsley］和斯特里普［Stripp］编辑）。此外，在布莱奇利公园发生的事已经被成功地搬上了银幕，影片是根据罗伯特·哈里斯（Robert Harris）的小说摄制的。

纵观历史，有关密码术的冲突一直存在，冲突的一方是个人或组织，他们希望保守自己的机密信息，另一方是政府，它试图控制密码的使用。迪菲和兰多（Landau）在《命悬一线的隐私权》一书中讨论了这种冲突。

下列参考资料为本书提及的各种事实和论题提供了原始素材。

Carlisle Adams and Steve Lloyd，*Understanding Public-Key Infrastructure*（理解公钥基础设施）（Macmillan Technical Publishing，1999）

Ross Anderson，*Sucurity Engineering*（安全工程）（John Wiley &

Sons，2001）

Henry Beker and Fred Piper，*Ciphers Systems*（密码系统）（Van Nostrand，1982）

Guy Clapperton（ed.），*E-Commerce Handbook*（电子商务手册）（GEE Publishing，2001）

Jean Cooke，*Codes and Ciphers*（代码与密码）（Wayland，1990）

W. Diffie and M. Hellman，'New Directions in Cryptography'（密码术的新方向），*Trans. IEEE Inform. Theory*，（Nov. 1976），644-654

Whitfield Diffie and Susan Landau，*Privacy on the Line*（命悬一线的隐私权）（MIT Press，1998）

Warwick Ford and Michael S. Baum，*Secure Electronic Commerce*（安全电子商务）（Prentice Hall，1997）

Robert Harris，*Enigma*（谜密码）（Hutchinson，1995）

F. H. Hinsley and Alan Stripp（eds.），*Codebreakers*（破译者）（OUP，1994）

B.Johnson，*The Secret War*（秘密战争）（BBC，1978）

David Kahn，*The Codebreakers*（破译者）（Scribner，1967）

Alfred J. Menezes，Paul C. van Oorschot，and Scott A. Vanstone，*Handbook of Applied Cryptography*（应用密码术手册）（CRC Press，1996）

Georges Perec，*A Void*（虚空），tr. Gilbert Adair（Harvill，1994）

Fred Piper，Simon Blake–Wilson，and John Mitchell，*Digital Signatures: Information Systems Audit and Control*（数字签名：信息系统的核查和控制）（Information Systems Audit & Control Association（ISACA），2000）

C. E. Shannon，'A Mathematical Theory of Communication'（通信的数学理论），*Bell System Technical Journal*，27（1948），379–423，623–56

C. E. Shannon，'Communication Theory of Secrecy Systems'（保密系统的通信理论），*Bell System Technical Journal*，28（1949），656–715

Simon Singh，*The Code Book*（码书）(Fourth Estate，1999）

Richard E. Smith，*Internet Cryptography*（因特网密码术）(Addison Wesley，1997）

Vatsyayana，*The Kama Sutra*（伽摩箴言集），tr. Sir R. Burton and F. F. Arbuthnot（Granada Publishing，1947）

Gordon Welchman，*The Hut Six Story*（茅屋六故事）(McGraw–Hill，1982）

网站

http://www.cacr.math.uwaterloo.ca/hac/ *Handbook of Applied Cryptography* website

http://www.simonsingh.com/codebook.htm *The Code Book* website

http://www.rsasecurity.com/rsalabs/faq/ RSA Laboratories' 'Frequently Asked Questions'

http://csrc.nist.gov/encryption/ National Institute of Standards（NIST）cryptography website

http://www.esat.kuleuven.ac.be/~rijmen/rijndael/ Rijndael（AES）website

http://www.iacr.org International Association for Cryptologic Research（IACR）website

缩略语表

AES（Advanced Encryption Standard）高级加密标准

ANSI（American National Standards Institute）美国国家标准协会

ASCII（American Standard Code for Information Interchange）美国国家信息交换标准码

ATM（Automated Telling Machine）自动柜员机

bit（binary digit）比特（即二进制数）

CA（Certification Authority）认证中心

CBC（Cipher Block Chaining）密码分组链接

CFB（Cipher Feedback）密码反馈

CRL（Certificate Revocation List）证书撤销表

DES（Data Encryption Standard）数据加密标准

DSS（Digital Signature Standard）数字签名标准

ECB（Electronic Code Book）电子码本

EFF（Electronic Frontier Foundation）电子前沿基金会

EFTPOS（Electronic Funds Transfer at Point of Sale）销售点电子转账系统

GSM（Global System for Mobile Communications）全球移动通讯系统

HEX（hexadecimal notation）十六进制表示法

ISO（International Standardization Organization）国际标准化组织

MAC（Message Authentication Code）信息认证码

MGM（Metro–Goldwyn–Mayer）美国米高梅影片公司

NIST（National Institute of Standards and Technology）美国国家标准与技术研究所

PGP（Pretty Good Privacy）优良保密协议

PIN（Personal Identification Number）身份识别号码

PKI（Public Key Infrastructures）公钥基础设施

RA（Registration Authority）注册中心

SSL（Secure Sockets Layer）安全套接字层协议

TLS（Transport Layer Security）传送层安全协议

TRSM（temper-resistant security module）抗窜改安全模块

TTP（Trusted Third Party）可信任的第三方

VA（Validation Authority）证书验证中心

XOR（Exclusive OR）互斥"或"（运算）